夏 烈

（夏祖焯）著

夏烈教授给
高中生的
19 场讲座

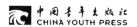
中国青年出版社
CHINA YOUTH PRESS

中南文传媒

图书在版编目（CIP）数据

夏烈教授给高中生的19场讲座 / 夏烈著.
—北京：中国青年出版社，2013.8
ISBN 978-7-5153-1881-3

Ⅰ.①夏… Ⅱ.①夏… Ⅲ.①人生哲学 – 青年读物 ②成功心理 – 青年读物

Ⅳ.①B821-49 ②B848.4-49

中国版本图书馆CIP数据核字（2013）第195829号

夏烈教授给高中生的 19 场讲座

作　　者：夏　烈（夏祖焯）

责任编辑：龙彬彬

美术编辑：李　甦

出　　版：中国青年出版社

发　　行：北京中青文文化传媒有限公司

电　　话：010-65516873/65518035

公司网址：www.cyb.com.cn

购书网址：zqwts.tmall.com　www.diyijie.com

制　　作：中青文制作中心

印　　刷：北京盛源印刷有限公司

版　　次：2013年9月第1版

印　　次：2013年9月第1次印刷

开　　本：880×1230　　1/32

字　　数：140千字

印　　张：7.5

京权图字：01-2013-4266

书　　号：ISBN 978-7-5153-1881-3

定　　价：29.90元

赞　誉

夏先生的文章娓娓道来，真诚平实，为我们拨乱反正提供了思考。
——教育部前新闻发言人、语文出版社社长王旭明

心理学家认为人类有许多不同的智慧，如语文、数学、音乐、美术、对自己及对别人的了解等等。但是学校极端的偏重语文及数理成绩，以致品学兼优的学生并不一定能达成预期的发展。夏教授聪慧、苦心而恳切的写出青年成长要多元化，即使对已有成就的我辈，也是极大的激励。

——哈佛大学医学院临床及生殖医学教授、
前英格兰华人专业学会董事长李小玉

夏教授是位典型的建中人，言行中充分表现出聪颖、自信、多才多艺、悲悯济世的特质。与他相识多年，许多观点很相近。读完他的书，感触良多。的确是值得所有成长中的高中和大学同学们详细阅读，既汲取教训为培养自己的高尚情操努力，也为将来成为正直的社会中坚分子铺路。

——哈佛大学核磁共振实验室及贵重仪器中心主任、
华美化学学会董事及前会长黄绍光

夏教授以科技专业人士敏锐精准的目光，人文素养的细腻观察，分析快乐与幸福的成因，比较中外文化的异同，看似随兴写来，实际上写出过来人的体验，言简而意义深厚。可供后来学子借鉴深思。

——美国麻省理工学院（MIT）物理系终身教授陈敏

夏祖焯教授见解独特，以他的人生经验，激励高中生独立思考，慎选人生方向，培养科技和人文素养，生命和价值观，交友及建立国际观和领袖气质。这是一本难得的好书，启发高中生和师长，我极力推荐。

——美国伊利诺大学电机系教授、斯坦福大学客座教授、
洪堡研究奖得主庄顺连

夏教授在北京出生，在台湾成长，又在美国留学、工作、生活数十年，长年观察日本动态及研究其大和民族性，且足迹遍于各大洲的主要国家，多地的经历让他的眼界比一般人更加开阔，思想理念也更加先进开放。高中阶段正是人生观、价值观及世界观的形成时期，所以在此时阅读夏教授的书必将受益终生。

——中国人民大学外语系校友于明丽

夏教授非常注重与高中生的交流，不是自说自话，他每篇文章，阐述了自己的看法后，都询问你的意见，都在启发你形成自己的观点，这种方式对高中生养成独立思考的习惯，激发创造力都大有裨益。

——北京大学对外汉语教育学院校友白洁

在清华听过夏教授的演讲，对于一个理工科出身的人来说，夏教授很亲切，因为他是工程博士，他有严谨的逻辑思维和实事求是的精神，但他同时又是文学教授，所以你会发现他的眼界比你宽阔得多，对生命和人性的认识也比你深刻得多，他的语言兼具感性，富有感染力。如果在高中时就读到这本书，我想我可能会发展得更全面。

——清华大学机械系校友谢鹏

坊间有很多写给年轻人探究社会、思考人生的书，但夏教授的论点新颖且文字浅白生动，阅读完书中的十九个主题，犹如面对面学习。

——上海交通大学自动化系校友王科

夏教授的论点及论述都从现实主义切入，为你呈现真实的世界，告诉你人性里的美与恶，在你知晓这一切后，引导你走向成功与善。

——中山大学计算机系校友付小琴

对未来的迷茫与无措，是高中生最常遇到的问题。多样的选择是幸福也是负担……也许这本书不能给你明确快速通往成功人生的答案，却能拓展你思考的方向，为你的未来提供值得参考的依据。

——北京师范大学文学院校友胡莉萍

夏祖焯先生的这本书，引领青年学子进行一场场思辨之旅，助其建立立身处世不可缺少的重要价值观。从国际观、宗教观、金钱观、爱情婚姻观的辨析，到菁英教育、品格教育的省思，延伸至文学价值与生命意义的深究，在人格形成期的风雨云雾中，对于这些人生课题有所定向，必是丰厚羽翼的重要滋养，相信这本书将能帮助每个徘徊于成长十字路口的孩子，翱翔向宽广高远的天空。

——台湾建国中学校长陈伟泓

夏祖焯教授是一位兼具科技专业与人文素养的杰出学者，夏教授在本校期间，每学期课程皆为同学热门首选，他的文章不同于一般老生常谈，其思维观点细腻，更有许多宏观建言，对高中生、大学生、家长甚至于老师，皆有相当大的启发，连我亦觉得获益良多。

——台湾成功大学校长黄煌辉

本校夏教授的这些议论文有相当大的启发性，不但适合高中生，也适合大学生，甚至家长、老师阅读。

——台湾清华大学校长陈力俊

夏教授经历了理工领域的琢磨，并承袭了双亲的文风。本着作融合人文、科技与人生经验，给现代彷徨的青年及家长们进一步思索的方向。

——台湾交通大学校长吴妍华

夏教授一针见血、简短有力的文章，令读者很快吸收到许多知识及分析，启发他们的思考。

——台北市立第一女子高级中学校长张碧娟

跳脱外在环境的制约，勇于自我探索。把握自我实践的机会，做最好的自己。这才是人生最高的价值。

——台湾东海大学校长汤铭哲

夏教授的创作文学总是有明晰的现实背景。这本书的循循善诱也是以理性知性为主，感性为辅。在流行"跟着感觉走"的今天，年轻人必能得益。

——台湾大学外文系及北一女校友、大专联考状元郭誉佩

高中对我来说是久远的回忆了，但最让我终身受用的是当时好几场由学校特别邀请的演讲。在那个年代，谈思想的演讲只开放给十几个特别选出来的学生。夏教授这本书，远超过当时我青涩年华所吸收的或现在市面比较肤浅的书籍，我相信会成为许多年轻人"想法"的启蒙，值得终生咀嚼受用！

——台湾大学电机系校友、大专联考状元、
有史以来联考最高分纪录保持者白培霖

目　录

19. 我们要如何培养国际观？

附录：

以下三篇为夏烈教授所发表过的，与高中生活有关的文章。

回响 目录

1 ◀))

2 ◀))

3 ◀))

4 ◀))

5 🔊

6 🔊

7 🔊

8 🔊

9 🔊

10 🔊

11 🔊

12 🔊

13 🔊

14 🔊

15 🔊

16 🔊

自序 燕京赋

中国，一个真实与幻梦混合，美丽的东方花园，许多的光影、声音、色彩，许多的期盼与回忆。

我在北京出生，台北长大，又在美国生活了许多年。中国那片大地遥远而亲近，陌生又熟悉。然而，我现在竟为大陆的高中生写这本书，那是什么样的心情？如今长安东路中南海旁有一所二十八中（现已并入一六一中学），前身是艺文中学及艺文小学。我年幼时家住中山公园旁的南长街，在艺文小学念过一年级，印象模糊。没想到台北念建中时，同班同学赵若飞及谭开元竟是艺文同学——是艺文太大了，还是台北太小了？

不少人看过先慈林海音的小说《城南旧事》及同名电影，她在两岸敌对的年代写出《两地》一文，希望喷射机将北京及台湾连接起来，朝发而午至，如此就不会有心悬两地的苦恼了，这种说法明显表达她的心态。后来马英九开始在台执政，不到三个月就强力两岸通航，如今台北到北京只不过三小时，只是林海音没看到。

林海音是出生在日本的台湾人，曾任《联合报·副刊》主编十年。我的父亲夏承楹笔名何凡，曾任《国语日报》社长及发行人近二十年。我出生在北京，长在台北，大学念台南成功大学，又在美国得克萨斯州念硕士、密西根州念博士及美国各地工作数十年，家庭及学校背景算是比较多元。这些复杂的背景开扩眼界，启发思维，增长分析能力，所以书中一再鼓励学生要多元化、多地域化、多接触面、多好奇心。这"四多"不见得造益每个人，但绝对适用于大多数人。我们今日的学生逐渐在缺乏这"四多"，与家长不鼓励有关。

这本书本来是写给台北建国中学的。1896年台湾割让给日本，建中创校于两年后的1898。日本投降前名台北一中，只准日人子弟入学，后准许极少数台湾孩子进入。建国中学这一百年来一直是全台湾第一高中。回忆起来，我念建中时最有兴趣的科目是地理，对人文地理的兴趣比自然地理多，这说明了什么？然而成绩最高的科目总是数学，这又代表了什么？以后考入工学院，深知对科学及工程没有很大兴趣，竟一路念到工程博士。在美国工程界做了许多年后，回台湾教授文学与电影课程，但真正兴趣在社会、新闻、法律及政治这些领域。一个人的事业及职业取决于天分、兴趣及境遇，第四个就是命运。

中国青年出版社联系我出这本书，我想主要是希望我能带进一些西方、台湾的观念及体验。80年代改革开放后，大量与外国接触，市场经济取代了计划经济。现在市场经济进一步深化，则职场上需要的不仅是 I 型的专业人才，而且是 T 型的对于其他领域也都有相当知识的人，也就是"通才"，还有双专业能力的 π 型人才。如此看来，中学时期就要开始培养课本外的知识。责任编辑龙彬彬与在美国的我越洋讨论后，决定以台北联合文学出版社出版的《建中生这样想——给高中生的二十堂人生要课》为蓝本，略为修改为大陆版。我回忆这一生，中学可能是最重要的阶段——大量的学习阅读、对社会现象开始有自己的看法、数理的基础教育、同学间每天兴致高昂的讨论及互动，结交的哥儿们几十年后还来往……这一切促使这本书成为一本重要的课外读物。

文章是个人主观的看法，在建中出专刊时，每篇之后都有十篇左右的回响文字，从台湾当局的领导人马英九到高中生都有。这些回响作者不乏大牌人物、政治明星、企业大亨、学界泰斗，或知名作家，因为篇幅有限不能全部收录。实际上，有些高中生写的回响更有内容，更有见地。由这些回响文字，我看到男生与女生的不同，年轻高中生与成年人的差异。很明显，女生比男生要温和及有人情味许多；成年人比年轻学子要理智、现实以及"狠心"。年轻学生理想主义色彩重——走入社会，他们就知道不是这么回事了；走上战场，他们会看到人间痛苦、丑恶、败德、凶残的一面，那不是雷马克《西线无战事》中刚从高中毕业，相互提携、生死与共的年轻兵士，而是海明威笔下"失落的一代"。书中某些文章，我写出了真相，会令一些有理想主义色彩的学生失望及不悦，但是你们终将要面对，迟早的事。

两岸曾隔绝多年，政治体系不同，但两岸的高中生在本质上没有什么大区别，心态更是相同，也就是"大同小异"这句成语。我在台湾的大学教书十数年，也和高中生有互动。接触的大陆学生是我班上的交换生，多来自北大、清华、武大、复旦等名校。他们应是毕业于各城市的重点高中，所以不一定完全具有代表性，而这本书是写给一般高中生及家长、教师看的。我虽出身菁英学校，却有多方面的兴趣及接触面，很清楚看到菁英、一般及后进学生各有天地。象牙塔是一座塔，不是一个社会或国家。毛泽东、蒋介石、邓小平、蒋经国……这些人都没有念大学。有一位女士曾对我说："我观察你不像其他高级人才把自己隔离。就算一个扫地的，你也会和他聊天。"陆学长开了一家规模不小的化工软件公司，他曾说："一个成功的人，会跟各种不同阶层的人来往。"

虽说大陆与台湾的学生相同，实际上还是有些不同。台湾青年的优点是多数比较有礼貌、守秩序，注重公德及人与人之间的情义。中国在迈向超级大国的路上，就是要有这种胸襟和修养，以及训练和学习。一流的国民、世界的领袖，那绝不是金钱即可代表的。这本书主要是告诉同学们生活及生命中的一些内容，这似乎是个人的事，然而书中也蕴藏着一些个人与国家民族的关系，甚至与世界的关系。这本书虽写给高中生，却也试图勾画出一个中国的未来。

西方帝国主义以侵略及掠夺为目的，20世纪的两次世界大战及核子攻击、生化战都是西方人启端的。如此侵略性终将导致全球毁灭。所以生性和平的中国人在强大后，有义务将中国思想推行到全世界，引导世界建立新秩序，阻止人类走上毁灭之途。自古以来，中国人不但不压榨周围邻国，反而军事上保护邻国，甚至在邻国经济困难时伸出援手。如今西方国家不一定是武力的征服，而可能是经济、文化、科技的渗透。试问中国外交政策是什么？国际形势又将变成哪种局面？全球经济交融是互辅还是互斥？是牵制还是各得其所？

　　说这些各位同学可能认为太早了，和高中生有什么关系？不早，希望你们在年轻时就培养这些观念——世界人类领导的观念！我居住外国多年，足迹踏遍全世界后，深深感到：中国要领导世界，而不是被世界领导！这里说的不是要中国走帝国主义的路线，而是领导世界走向和平。

　　我出生在贫穷混乱的中国，但从未对中国失去信心。出生地北京曾名燕京，离开了很久，现在似乎又随夏日携带一切回忆匆匆归来，那种轻柔喜悦而压抑的情绪并非陌生，触景生情，不胜感慨，是以为序。

夏烈（夏祖焯）

2013年6月写于美国加州及台湾台南

第 **1** 讲

你告诉我
高中生该去谈恋爱吗?

有些同学希望听听我的恋爱及婚姻。可以,但是让我先来谈谈你的爱情,然后才轮到我的。

爱情重要吗?

答案是肯定又肯定。自古以来长篇小说、电影、戏剧及史诗最重要的两个题材就是"战争"与"爱情"。战争关联到人的生死,千万人经济的消长,整个城市或国家的毁灭,甚至一个文化的存殁。战争实在是太大了,它超越了人世间的一切,没有什么可与它相比。然而只关系到两个人的爱情,竟也与战争在文学及影剧的领域里并驾齐驱,可见爱情的影响有多么惊人。"生命诚可贵,爱情价更高"、"英雄难过美人关"、"冲冠一怒为红颜"……这些传诵多年的句子就像《木马屠城记》里的海伦、《霸王别姬》里的虞姬,拿破仑为之失魂落魄的约瑟芬,或令温莎公爵放弃江山的辛普森夫人,令人回味再三。

从一个男孩或女孩青春发育，对异性有兴趣开始，爱情的喜悦及痛苦就会萦绕他的一生。爱情可以振奋一个人，也可以摧毁一个人——即使那是个有意志的人。人的内心世界不只隐密难入，而且变幻莫测。我们一生中有许多重点：读书、工作、成家、争权夺利、踩人或被踩、奉养父母、疾病及死亡……爱情不下于以上任何一项。爱情不但丰富了多彩的人生，甚至由此更认清自己，找到新的价值。

男孩女孩大不同

现在我们要进入重点讨论了。基本上，女孩子与男孩子在性情及对爱情的期盼上有相当程度的不同，而不同年龄阶段的女孩子对男孩又有不同的注意方向。女孩子有以下的特点男孩子应该要了解。

首先，女孩子比男孩子敏感得多，许多时候她们很快就感觉到你是不是中意于她。你的一个眼神，一句话，甚至一个动作她都揣摩得出来，根本不需要说清楚，讲明白。男孩子常没有这个本领，都是胡乱猜的。

其次，女孩子把安全看得很重要，她们自古以来是弱势者，所以对安全的考虑要远超过男孩子。如果你令她有不安全的感觉，不只对她个人，也包括对她的学校或家人而言，你的条件再好，她也会想脱身，或是被一个令她有安全感的男孩抢走。有人说"男人不坏，女人不爱"，还有人说女人爱有"亡命徒"色彩的男人。不错，这些色彩令她们陶醉，令她们爱，但是安全感对她们来说更重要，我相信你会同意我的分析。这种安全感在学生时期是精神上的，成人时期物质上的安全感比精神上重要。此外容忍及包容对女孩来说相当重要，这也是年轻男孩多欠缺的，而这也是女孩走向年长男

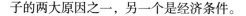

子的两大原因之一，另一个是经济条件。

女孩会重视与相交男孩有共同兴趣，这样才有话题，因为女人本来就比较喜欢说话。男孩重视的相当外在，包括相貌仪容及生活的外在，甚至兴趣不同都没关系，有多少女生会对复变函数、世界杯足球或按钮战争有兴趣？

男人最重视的是女人的外貌（包括身材、面貌及仪容）。然而女人并不把男人的外貌摆在最重要的地位，她们重视的是男人的能力、体贴、经济状况、气质及地位，只有初高中女生才会那么注重男孩的长相。男人可说比女人更罗曼蒂克。他可以同时爱几个女人，而多数女人同时只爱一个男人。他不顾一切娶一个他所爱的女人为妻，那女人的条件可能根本不能与他相比。而女人在婚姻中一定考虑对方的条件及现实状况。

女人喜欢听谎话，听甜言蜜语，明明是假的，她还要相信。而她们也喜欢说谎话。男人没这套，尤其是东方男人，最不会甜言蜜语，甚至认为那个有点儿肉麻，不上道。女孩子脸皮要薄很多，她们极不愿被尖酸刻薄的言辞伤害到，男孩也不愿意，但是女孩根本是不能忍受的。

高中生重视什么？

高中女生和高中男生年龄相仿，而实际上她们比同年龄的男生至少要成熟一年。她们重视的和男生重视她们的可能极为不同。这个年龄（13到19岁，英文是teenager）男孩在个性及举止上常比不上女孩可爱，男孩的叛逆性比女孩强，喜欢夸大吹嘘，逞英雄，心情浮躁，喜欢用脏字，一句一个"他妈的"，美国男孩常用"fucking"。

你从来没听一个女孩说："他妈的，昨天早上，我一下公交车，那个男孩就他妈的跟上我了……"那是什么话！男孩不够体贴及体谅，常以自己优异的条件（如果有的话），强加到女孩身心上，这也是造成关系破裂的很大原因。另外男孩劈腿不少，这是因为男子的天性，也因为永远是男子主动追求，所以有这种机会。但在追求上，"男追女，隔层山；女追男，隔层纱。"性情暴戾或有威胁倾向的男友，条件再好，女孩一定要及早撤退，甚至求助于他人，不能姑息，但手段要高明，不能打草惊蛇。

"我表哥"、"我同学的哥哥"是常被女生提到及恋羡的对象。她们会希望对方是高一级或两级的男生，所以校际联谊大可考虑低班女生。

基本上，高中女生多不交高职男生，但是高职女生并非如此。校际班际联谊不应局限于相对的同质高中。人都有好奇心，有时候不同质的可能更互相吸引。

你现在不是在找终身伴侣，你是交异性朋友。男孩要有开拓性，不能只在自己熟悉的环境及人或事物里打转，要与各种不同质的女孩交往，拓展视界及经验。

女孩也一样，不要轻易放弃与各种男孩交往的机会。这种交往不一定是恋爱，实际上许多父母老师不赞成高中女生过早进入恋爱。与男孩交往越多，越了解他们，对以后的恋爱及婚姻越有帮助。我看过一些条件不错的女子，因与异性交往机会不够多，到了适婚年龄又处在一个男子少的环境，真是倒霉，就嫁给那时在身边的，条件不够的男子，以后又哀怨后悔那个丙上的男生娶到我这个甲下的女生。无论如何，机会越多，选择当然也越多，失手的几率也越少。

因为女孩很难倒追男孩，所以如何进入或制造机会绝对是重点。

大多数的女孩喜欢"阳光型"的男孩，所以男孩子训练自己的口才相当重要。沉默不一定是金，外向的男生在交女朋友时总是比较吃香。但是外向绝不是油腔滑调，女孩子极不喜欢轻浮不够稳重的男孩。她们喜欢知识及常识丰富的男孩。

然而滔滔不绝并不能吸引女孩，你要试着问她与她切身有关的问题，你要学习听她向你倾诉。听比说要重要得多。男孩常急于表现自己，忘记了如何关切对方。作为一个领导者，作为一个女孩最憧憬的哥哥型男孩，你对她表达关切最能吸引她。而实际上，你以后要为人夫，为人父，现在就得开始练习做个带头儿的人。如果被看出连自己都自顾不暇了，哪可能对别人负责？

女孩并没把男孩的长相看作第一要素，但是她们天生好洁净，所以也希望男孩清洁及穿着不邋遢。花点钱及时间到裁缝那儿把你的衣服改得合身，眼镜换成适合你脸型那副，走路挺胸，军训课对你交女友应该有用。

而且，不论社会如何变迁，女权运动者如何鼓吹两性平等及平权，保持中古欧洲的"骑士精神"绝对很吸引女孩子。哪一个女孩子不憧憬自己是个清纯纤美的公主，而对方是个骑在马上，能呵护她、尊重她，有礼貌、忍让女性，为她服务，向她献殷勤的骑士？要性格绝对比不上献殷勤更能吸引女孩子，对女孩子献殷勤不但不丢脸，而且是一种骑士的精神。即使内心不是如此，表面上也得这么做。

另一更重要的骑士精神就是负责任。责任感是男儿本色，这里面包括了勇敢与牺牲，那对女孩子来说也就是一种安全感。在必要时挺身而出，庇护对方，把痛苦的那一部分吞下去。骑士精神不但现在需要，作为一个男人，这辈子都该如此，才是个有价值的人。

女孩则要注意自己的外貌及举止，因为那是绝大多数男孩（以及以后的男人）最重视的。女为悦己者容，自古以来即是如此。固然身高长相与生俱来，但是整牙，穿合适（要问别人的意见）及裁剪合身的衣着，留适合脸型的发型，注意自己的仪态……这些绝对可以加分，甚至可以加不少分。只有极少数的男孩（以及男人）注重内在美。

因为每个女孩喜好及个性不同，在这里我不应开出清单，要你在这些列举的条件中选择男孩。实际上，有那么多男孩追你吗？你本身具有那么多条件吗？但是你阅历越多，成功的几率（男女都一样）也越高。现在时代改变，男子不能企望女子从一而终，三从四德，因为那违反人性及女子应有的权利。

恋爱中遇到困难怎么办？

在男女初步交往时，彼此客气，尊重。一进入恋爱，吵架就来了，因为此时双方对对方的要求升高许多。女孩子更是受到种种限制及压力，来自家庭、朋友、同学、老师及长辈的多方压力。她的处境要比男孩困难许多，男孩要学习体谅她，否则就会有别人来体谅她了。

任何事情都是有代价的，爱情的喜悦令人陶醉，但你要有心理准备有移情别恋或波折发生。到了那种时刻，一般说来挽回的几率相当小。我要是你，就不会浪费时间及精力去做挽救的工作。然而你心里面还是有很大的创伤，绝非八股式的劝告比如"读读书"、"运动一下"、"天涯何处无芳草"、"下一座花园里男人多得很（对女生而言）"……可以治疗的。但是你也不能把它闷在心里，你要找宣泄抑郁的管道，比如和好友谈、见学校的辅导老师，甚至心理医生。

如果你认为那是世界末日，你就是个判断错误的孩子。因为你太年轻，还是个孩子，所以出了事会有这种感觉。然而你终究要长大成人的，人就该面对及承担事实。如果你表现脆弱，除了至亲密友，不会有人同情你。最后只是落人话柄，成为人们茶余饭后的谈资，我要你现在就想清楚这一点，你同不同意我的看法?

对方要求分手，千万不得死缠烂打，更不值得做出不理智行为，甚至以生命要挟。为什么? 因为没有用。这可能成为你交更多异性朋友的资本，因为你经过这次变得更成熟，更了解自己，更有经验。

提前了解: 适婚及婚后的男女

到了二十六七岁，女孩子已变成女人。在寻找婚姻对象时，男子念的学校好坏，所念的科系、从事的行业、家庭的背景及经济状况，突然变得那么重要。她不再是你看到的那个纯洁羞涩的邻居女孩，她现实多了，而男人并未长大那么多，女人对婚姻的考虑比男人多。

如今许多女子迟婚或不婚，因为在东方的社会，女子即使是职业妇女，婚后还是要负起照顾丈夫、子女及公婆的责任，她们比男人要辛苦，西方社会并非如此。在这种情形下，男子的父母（未来公婆）是否易于相处也变成女子结婚的考虑之一。

现在的女性大多为职业妇女，有生活能力，而且观念上受到美国影响不少，你不能令她满意时，她可能把你dump掉。也有些婚后不要小孩，所以先进国家清一色人口停止增长或负增长。但有些不要小孩的女人到四十几岁以后，又改变主意去人工受孕及雇代母怀胎。我的亲戚杭州来的叶医师是这方面的专家，在洛杉矶造惠四十多岁的女士无算，我将送他一匾挂在诊所进门，题四字曰："无中生有"。

因为妇女解放运动及女性主义，许多女人事事要向男人看齐，甚至张牙舞爪。我观察到许多在公司或机构升至极高位的女性不是这样子，常常她们还是很女性化（feminine）。她们聪明，在公司里爬上去是用以柔克刚、不战而屈人之兵的方式，和男人硬拼没用，也不合乎女人的生理及心理结构。

但是女性的小主管常不好处，因为她们心思细密，谨慎而顾虑多（这位子得来不易啊），而且内心比较情绪化，因此对下属比较不公平，她们到底还是女人啊。如果女性小主管比较好相处，性格上比较开朗，比较男性化，她升上去的机会较大。因为这还是一个以男人为主的社会，衡量的尺度还是男人的尺度。

年轻的男孩或女孩有好友可透露心声，互诉衷曲。但是成长为男人就不同了！男人是寂寞的，他会有朋友饮酒作乐、赌牌、讲黄色笑话、唱卡拉OK ……但他心中的话不会再与朋友或妻子家人分享，他的痛苦、忧心、顾虑、阴谋诡计全埋在心中。那些朋友是表面上的酒肉同好，不再是中学时情如手足的生死哥儿们——你注意你的父亲就是如此。

女人一直到最后都有闺中好友，与她分享内心的一切欢乐与痛苦、深藏的秘密。如此有释出管道，女人比男人多活近七岁。家中姊妹间的感情要比兄弟之间亲密许多，所以老年丧偶姊妹常同住，兄弟丧偶则鲜有同住者。而女人之间的友情也要亲密许多，即使彼此嫉妒、批评挑剔、讲小话，还是维持长久。所以丧偶或离婚挂单后，

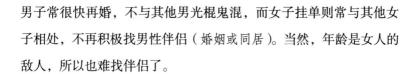

男子常很快再婚，不与其他男光棍鬼混，而女子挂单则常与其他女子相处，不再积极找男性伴侣（婚姻或同居）。当然，年龄是女人的敌人，所以也难找伴侣了。

如何正确看待同性恋

这世界上有近2%至3%是同性恋（homosexual）或双性恋（bisexual）者，比异性恋者（heterosexual）要少很多，所以受到异样眼光（歧视）。一个高中如有3500名学生，2.5%就是88名。世界人口70亿的2.5%是1.75亿，接近人口第六的巴基斯坦国（1.8亿）。巴基斯坦人与我们完全不同，我们以异样眼光看他们？为什么要以巴基斯坦人比较同性恋者？因为都是2.5%，都与我们不同。

近年研究显示（并非结论）同性恋并非一种选择，而是与他或她的基因、遗传及荷尔蒙有关。我不知中国古代是否刻意否定同性恋，但西方基督教的旧约利未纪及罗马书上都有上帝对同性恋的指责，甚至要消灭他们。然而，如今基督教的西方对同性恋者却越来越宽容，比东方人宽容多很多。科学研究显示动物界也有同性恋，不是只有万物之灵的人类才有。

我年轻时拿同性恋开玩笑及嘲笑，现在不会了，因为他或她像1.8亿巴基斯坦人一样和我不同，他们又没招惹或冒犯我。甚至男同性恋者要比一般男人温文有礼，较少威胁性及同性的敌意。我认识三个同性恋者分别是极出名的小说作家、舞蹈家、艺术评论家。我尊重他们，视他们为一般人来往及看待。

一般说来，同性恋者在刚发育的初中阶段最痛苦，受到的歧视及嘲笑也最多，其次是高中，到了大学或成人阶段歧视越来越少，或归于无。因为大家看到他们只是不同，却予人无损。我曾提问太太们：你们对于发现丈夫是"双性恋者"、要为信仰出家或外面有情妇三项，认为哪一项最严重？这问题不容易回答吧！

年轻同性恋者自杀率、学校问题、孤立感、忧郁、吸毒都比异性恋者严重。不论同学及家长都要对同性恋者包容及了解，因为我们都是人。尤其是家长，更应协助同性恋子女渡过难关，不能指责或"纠正"他（她）们，因为性取向与生俱来，不可能改变，也可能是家长给他（她）们的。学校老师应了解及协助他（她）们，起码不要显示厌恶或歧视。一般说来，子女是同性恋，家长总是最后一个知道。我有朋友的三十多岁儿子是同性恋者，我们都知道（从我们的孩子那儿听来），至今无法告诉他父亲，因为他是老派、自以为是的人，我们怕他受不了。

因为正式统计及成因一直无定论，我们还是要站在人道立场承认及包容此一事实，尤其尤其、尤其是家长，更应了解（不是谅解）及协助。

然而，在某些行业，同性恋的行为必须要约束及注意，甚至严重注意，因为这些行业讲求服从，权力易被滥用。首先，军人如上级要部属如此，一定要处理此上级，否则影响作战能力。其次是教师，再是各种宗教（包括邪教）的神职人员，比如神父、牧师、法师……这种事在世界各宗教层出不穷，因为人到底还是人。

我的婚姻和爱情

可以说很平凡，没有什么大戏。她是大学里的热门人物，"十要"的榜首（当然也有"十不要"，"十不要"也有榜首）。因为是台北一女中保送生，所以一路第一名毕业。我是橄榄球队的主力球员，成绩极糟，几乎毕不了业（不过后来到美国也在好大学拿了个工程博士学位）。她一入大一就成为我的女友，可见学业成绩并不是交女友的重要条件，但是男生科系常是女生重要考虑。我们在美国留学时成婚。

婚姻爱情不是一回事。爱情是一种感觉，是相互的吸引力，不能用条件来衡量；而婚姻是一项合约，一项承诺，不见得是爱情的结果。婚姻绵延几十年，经历了除童年以外，人生的各阶段，它成功的最重要因素就是条件的配合。我在美国工程界任职时有些印度来的优秀工程师，妻子却常是报纸杂志贴征婚友广告得来的。骤听相当震惊，这是什么时代了，有冇搞错啊（编者按：广东地区方言）！后来想想，这种方式很科学，太空时代少浪费时间精力摸索，有人生历练的媒妁之言比年轻人配合得更好。

为什么婚姻和爱情不见得能画等号，我要你想一想，我也要听听你的意见。

另外，我要说，男女交往中，爱情和友情通常也难画等号。爱情的深入程度比友情多太多，在爱情终止后，友情也难以为继，总是有"曾经沧海难为水"的感觉。然而，恋爱中的男女不是只有爱情，一定还有其他的，是什么？我要你想一想，想不出来，我要你去问问学校里的女生或男生，她或他要的是什么？

建中对台湾高中生的问卷调查结果

关于男女生交往的话题，建中对台北市的北一女、建中、中山女中、附中、景美女中及成功作一抽样问卷调查，有效样本2049人，重点综合如下：

• 想借"班级联谊"这种纯娱乐交异性朋友的女生只占10%，男生20%；倒是以文会友、以技会友的"社团活动"得到近50%青睐。

• 男生重视对方的气质、长相、个性；女生交友重视男生是否"合我感觉"个性、品性、心地及气质五项。长相不在内。

• 有50%不想在高中时谈恋爱，40%想谈，10%在恋爱中。课业是最大顾虑。

• 爱情对于男生的重要性要高于女生——女生还是比较乖乖牌。

• 有34%的男生及43%的女生认为已有对象的不可以再去追求。这与传统观念相合。但也有36%的男生及19%的女生认为没什么不可追求的。

• 男生近一半（47%）无处女情结；另外50%在意自己女友是否是处女。

• 女生对爱情较专一。男生有40%认为恋爱中可以变心。

回 响

我看男生女生

林坤纬（台湾建国中学学生）

一般说来，女生较敏感、细腻，也富于感情，更绝的是女人的第六感奇准，在她们的细细观察下，可说是无所遁形，我就曾数次被女同学看穿或猜中心思；相对地，女性也善于隐藏自己、让人不易捉摸，俗话说："女人心，海底针。"如果不能弄清楚异性的需求，恐怕连当一般朋友都无法细心关怀对方。

那么女生重视男生的什么呢？我个人认为：越年轻的女生越重视外貌，或许是受童话中白马王子的影响吧！我相信有许多同学因长得不够帅而找不到女朋友。我曾在初二时问过班上的一位女同学，问她选男朋友的条件是什么？得来的是简单、干脆、利落而又唯一的答案："长得帅。"但是随着年龄的增长及交友阅历的增加，女生会逐渐将个性、才华、风趣等列入考虑。

而男生吸引女生的条件和女生重视男生之处，有许多是重叠的。只要你有任何一项优点，足以让一位女生欣赏或崇拜或赞美或钦羡或佩服你，你俩就能成为朋友。之后便看个人了。温文儒雅将使你谈吐不凡；

多才多艺可令你俩话题更加广泛！除此之外，就如夏教授所言，安全感和责任感是很重要的。而要在对别人负责之前，先要对自己的行为负责，能尽自己应尽的本分，否则连自己都自顾不暇了，哪可能对别人负责？

爱情对我已不再那么重要

范明轩（台湾建国中学学生）

坦白说，我并不是很喜欢夏教授这篇文章。其中很多想法或是语句，似乎显得过分断定或是有所谓的大男人主义，如"女人喜欢听谎话，听甜言蜜语，明明是假的，她还要相信""作为一个领导者，作为一个女孩最憧憬的哥哥型男孩"……或许夏教授是以大部分普遍的现象来描述，但我以为不适合这些想法或描述的人，并不只是可忽略的"少数"而已。

而我的爱情观在这两年的高中生活是有很大转变的，我曾经是非常投入爱情的，不只是疯狂可以形容的，然而在一次受挫后，我由不断投入社团而有了转变。对夏教授说的"一进入恋爱，吵架就来了"我的体会最为深切。因为男女在深入认识之前，抱有着的是你对每一个人的态度，那种包容性较大，因为对方对你并不是那么重要，你也就不在乎对方的生活言行如何如何，对你的感受的体会拿捏准不准确。然而，在交往之后，你对她是十分重要而独特的，于是她便会希望你能准确抓住她的心思想法，时时刻刻以她为重，而忘记这对任何人都不是容易的事，于是乎有了争吵。

所以说谈恋爱是很费神的事。在我感情空白的这一年多里，我真的觉得它不是那么重要了，因为高中生活绝对有更多更值得你去忘情付出与流连的地方，如社团或是学术研究或是读书充实自己，而充实爱情经验的时间以后还多得是。

第 2 讲

你要念
理工农医还是人文社科？

因为科技或人文关系到大学选系及未来一生职业选择，每位同学对此课题都有兴趣。进入正题前我先列举一些事实：

❀ 台湾地窄人稠，资源有限，走科技岛应是正确方向，多年来台湾在人文方面的预算仅及百分之一，以后资源分配不会有太大出入。各大学虽都喊出"科技与人文并重"的口号，实际上只是口号，根本未实行，实行也有困难，学生想要并重，必须自己去追寻。在大陆，情况也与此相似。

❀ 最近数百年来，不论科技或人文，全是西方人的世界，没有一样重要科技或人文思潮是中国或日本带头或发明的。

❀ 近半个世纪前英国学者史诺（C.P. Snow）在剑桥大学演讲两次，表明科技及人文乃两种不同文化（Two Cultures），不兼容，也彼此不了解，由来已久，以后也不可能结合，甚至科技教授及人文教授在大学餐厅自动分座进餐。然而只是各自为政，不像政党或宗教一样相互攻击。欧美先进国家已公认科技及人文是两种不同的文化。

✿ 自古至今，人文人对国家、政治、社会、文化、教育有深厚的影响力，非科技人所能比拟。如果人文人与科技人不对话，相当危险，因为科技人可能给决策者（非科技人）错误的科技政策（比如军事上或生物生态上），而使政治流程更复杂，更危险。更何况科技政策常被非科技人所掌握。

科技与人文的本质

近年来台湾新闻界及学术界常邀请人文及科技大师作对谈。包括宗教法师、诺贝尔奖得主、创业大亨、政府高官、学界知名常见的座谈专家等。大师们一致认为科技与人文是和谐的、一体的。这不禁令人惊讶为何与西方先进国家的论调相反。仔细看看座谈内容，才发现大师们没了解科技与人文的本质，再加上中国人喜欢充和事佬，和稀泥的个性，才有这种不同于西方先进的论调出现。甚至有大师以为用计算机打人文的文件，瞬间经网络传出，就是科技与人文的相合。实际上台湾的名人常在每一行都是"大师"，是全方位的意见领袖。

科学（数、理、化、生物）研究自然现象，技术（工程、医学及农业）是将科学研究成果转变为人类实用产物，两者均以自然现象为衡量标准。科学是发现（Discovery），技术是发明（Invention）。

人文（文学、艺术、宗教、哲学、历史、音乐）重视的是人的价值、人的内心世界、人的自由意志，以及人对自然界的优越性，也就是一切以"人"为衡量事物的标准。所以像文学追求的是朦胧性、独特性及意外性，正相反于科技追求的精确性、普遍性及重复性。科技是理性及知性的产物，人文则重感性，是想象的产物。科技在变，尤其近百年发展极速，不只是以几何级数，而是以幂数速率在发展，然而人性却数千年来恒久不变。

在科技与人文的中间地带是社会科学（政治、经济、教育、法律、社会、商业、管理、地理、心理等）。因为全然与人类相关，所以虽用科学方法治学，却和人文接近。

科技或人文，你要怎么选

五大文明古国包括巴比伦（今伊拉克）、埃及、印度、中国及希伯来，至今已在科技及人文两方面均落在后起的欧美各国之后，我要各位想想为什么？而以现今中国人的社会（包括中国大陆、台湾、港澳地区以及新加坡），优秀分子绝大多数挤往科技之门，除了兴趣外，为了出路好，也为了虚荣心。如果优秀分子选择人文学科（不是人文"科学"），以后就很容易出类拔萃了。所以优秀的高中生要慎重考虑这种容易出头的机会，有时候不需要有兴趣，只要有能力去做就行了。利之所在，吾往矣。如今华人在科技方面已人才辈出，甚至获诺贝尔奖就有七个科学家，而世界上知名及一流的人文及社会科学华人学者却寥寥可数。这可是优秀高中生进入的大好机会啊！

更重要的一点，国家及社会需要优秀分子成为领导人。如此为了服务及改造社会，就不是上面所说的利之所趋了。在人文方面有大兴趣或大才气的同学，更不要为眼前小利弃人文或社会科，而就理工医。

人文素养对未来发展多重要？

对于无意进入人文或社会科领域的同学，人文素养有其重要性。

首先，以后你不至于被非科技人士牵着鼻子走——君不见多少庸材、心灵大师及狡猾政客骑在优秀分子的脖子上；也不至于给人文人的领导者一个错误的科技发展方向。同时你如兼有科技专业及人文素养，以后出路机会大。请注意目前中国的领导者几乎全为工学院出身，他们并非一直在执行"技术层面"的工作，而是在做与"人"有关的工作。成功的领导人一定要处理人际问题，那与人文素养有绝对的关系。这种素养要从高中起就开始培养。

抛开以上功利主义的考虑不谈，一个人有气质、谈吐不俗，多与人文素养有关。由文学、艺术中摄取他人的分析及经验，可改变生活的质量。我看过太多理工人言语乏味、庸俗，甚至面目平板，最后以武侠小说及麻将牌为主要消遣。再说，跨二领域者思想多敏捷，犹如操多种语言者，而对人生的态度也比单一领域者更有协调性及正确性。

如何培养人文素养

当然要花时间及精力，如果没兴趣，也要强迫自己去涉猎——兴趣常是人培养出来的。开始几年不需深入，只要广泛地接触，再由其中选择接近自己的人文项目阅读；科技是累积性的知识，无法中间切入，但人文是非累积性知识，常可中间切入，甚或囫囵吞枣，或只阅读节本或介绍。到底，这不是做学问，只是培养气质啊。

多看影片是一种快捷方式，在影片中学习的不只是人文知识，还有外国的文化及习俗，那是我们学习的对象。如果由有人文专长及人文气质的同学或师长介绍阅读方向，可收事半功倍之效，只是这人一定要聪明、有效率，才能指点正确。

人类文明（Civilization）的发展以科技为主轴，人文及社会科学居于次要及辅导地位。而文化（Culture）的发展则三者并重，人文及社会科学且常被认为比科技重要。科技带来社会的富强及繁荣，以及可能的灾难及全球性毁灭；人文带来内心世界的丰富，也会改变一个人的气质——气质就等于class。

同学们的选择要顾及能力、兴趣和出路三方面的平衡。但千万不要忘记，人文方面（以及社会科学）出头要比科技容易很多，那是因为目前竞争对象平均材质没有科技方面那么高之故。所以打铁要趁热，社会富强后，许多优秀人才会走入人文领域，竞争就激烈多了。

回 响

我为何重考大学

白先勇（著名作家）

我从小数学就好，但是国文也好。但我知道自己只是数理化解题的本领强，并不可能成为杰出的理工人才。（这一点在中学就有自觉。）我重考文学院未征求父母同意，而且是背着他们在台南参加联考，相当有决心这么做。因为在我的内心，最喜爱的还是文学，所以成大工学院一年下来虽又是全班第一，却并未被分数迷惑，埋没了理智而放弃文学。

实际上我在高一就已投稿杂志，那时也是全班第一名，数理化分数都高，却受国文李雅韵老师鼓励，对我的启蒙有很大的影响。到了成大工学院这一年，对文学热爱的心已越来越清楚。我和李老师商量要重考中文系，李老师是中文系出身，却反对我在经史子集里打转，鼓励我接触西方文学入外文系，这是因为我表明要做一个作家而不是文学研究者。

下面有几个事例供大家参考：

（1）我的同学有几位如果当年念人文会有更大成就，会更快乐，但是他们随大流念了理工医，生活及社会地位都有了，只是不会很快乐。

（2）如果你对人文有热情、有兴趣或有天才，应该勇往直前，物质报酬也许不大，但是功名利禄及快乐这几项只有"利"是物质报酬。

（3）优秀的高中生不应该是数理不好才去念人文社会，数理好也一样可以从事人文工作。

人文与科技如何选择

朱绮鸿（台湾建国中学老师）

文理选择应该是人生的重大抉择——不只是大学

四年选读的科系，也可能是终其一生的事业。我们的教育制度要一个孩子在十五六岁的年纪去作这么重大的选择，其实很残忍。人文与科技的对话在20世纪几乎高喊了半个世纪。正因为世界各国都是重科技，轻人文，最后才会有人文科技应该平衡的反思。中国台湾也不例外，但是大量的研究经费还是流向科技研究，大学新增系所还是偏重科技学科，社会上是学科技的比较好就业。同学们不禁要问："我该怎么选？"

科技、人文，似乎是截然二分的。事实上，有这么严重吗？因为现在各个大学都有开放双学位的制度，再不济也还有转系。但是也不能太轻率地决定，最重要的是你要思考自己的价值观，未来的社会需要什么样的人才？未来的二三十年你想过什么样的日子？你想做什么样的工作？你想让你的家人过什么样的生活？父母亲的期待是什么？

选择其实是现实（成绩、父母期望、家庭环境……）与理想（兴趣、志向……）折衡之后的结果。但是无论你作了什么选择，也不要放弃对另一个领域知识的接触，一定要兼具科学与人文素养及对社会的关怀。不能只学知识，而是应学会如何不断地去获得新知，一定要让自己有终身学习的能力，才能适应未来的世界。

时代会改变

龚明祺（曾任美洲中国工程师学会会长、理事长，

时任美国 Luxco 石化公司董事长）

最近几十年是科技出路好的时代，但是不要忘记，六七十年前还是人文出路较多，而未来是不是又回到一个人文主导的时代，我们不知道。按照自然规律，物极必反，社会的改变犹如一个正弦曲线图，所以科技挂帅有可能只是一个过渡。在你选择时，不能只是为了夏教授所说的出头容易，全存投机心理去读人文社会科，那可能造成失望，就是因为社会会改变——中国近百年来因为国势太弱而反儒、轻人文、重理工，而现今国家富强了，趋向可能改变，人文学科也许会吃香也未可知。

第 3 讲
你要不要从政？

> 民为贵，社稷次之，君为轻。
>
> —— 孟子《尽心篇下》
>
> 亲小人，远贤臣，此后汉之所以倾颓也。
>
> —— 诸葛亮《出师表》

我曾为文鼓励优秀的高中生走入人文或社会的领域，这包括政治。各位以后有些会变成政治家，有些是政客。我们每人都有政治家及政客双重人格特性，只是比例分配多寡问题。有人说要先做政客，抢到位子，再发挥理想作政治家。还有人说，因为权力令人腐化，要不断轮替，才能在腐化前换掉。让我们来看看政治、政治家及政客的特质吧！

政治的特质

政治本身有两个重要的特质，一个是宗教性（狂热信仰），另一个是商业性（利益交换）。群众常有政治的宗教狂热；政客则只重视政治的商业性，他们也鼓吹群众信奉政治教条，其实自己根本不信。而对政治信仰越狂热的人转变得也就越快，因为他们和政治有缘，容易走火入魔，不信这个就信那个。

对于政客的言论，年轻人容易被说动。但是人到中年已有足够的社会经验及判断力，就只有三种人会相信政客所鼓吹的（也就是政客自己都不太相信的），第一种人是精神病院的病人，第二种人是邪教的追随者，第三种人是智商在50以下者。政客及他们的追随者，言行常极端激烈，与他们交往，一不对头就被攻击，贴标签，戴帽子，其实谁要像他们那样为不值得的事效愚忠？一般说来，层次越低的人，政治上的宗教性越高，越狂热。

我们再说到政治的商业性，有句话是"商人无祖国"，意指唯利是图，钞票在哪里就往哪里走。政客亦无祖国，选票及利益在哪里，吾往矣。

民主政治是最无效率的政治，但它也是赋予人民创造力的政治。如果没有民主，人文科技的发展及资本主义的企业就会停滞在某一阶段。

政客常恨对方入骨，因而用不道德、不当手段迫害对方，甚至杀害对方。而在欧美日本等先进国家，这种手段被立法及社会道德限制到最低程度。政治的最高艺术，不在战胜对方，而在如何避免两败俱伤的冲突，但是那可能吗？

政治家为下一代，政客为下一次选举

区分政治家（statesman）及政客（politician），下面是一些简单例述：

★ 政治家为人谋福，政客为己谋福。

★ 政治家正直，政客狡猾，反复无常（与"说谎"是同义词），贪婪，甚至出卖朋友。

★ 政治家有远见看未来，政客只重眼前利益。他们的兴趣除了朋比搞钱及弄权之外，还有一个嗜好是攻击对方，甚至造谣抹黑，因为这是他们的特色，否则哪能堪称政客？所以说政治家为了下一代，政客是为了下一次的选举。

★ 对政客来说，不是朋友就是敌人，但是没有永远的朋友，也没有永远的敌人。他们的友情不是淡如水，而是甘若醴，妙的是反目成仇也像翻书一样快。政客善权诈之术，都是马奇维利（Machiavelli）的信徒。

★ 政治人物迷信风水、气数等不科学的玩意儿比比皆是，这些所谓"楷模"对社会有负面作用。

★ 政治家是领袖人物，有担当，有肩膀，肯牺牲，遇危机时会挺身而出的男子汉。政治家有政治理想（不论对错），政客只有政治说法。

许多政客大量储财国外，这些银子是他们在国内取得的。一些贪官虽然被查处，然而台湾政府为防止外国承认中国大陆，故常以私人名义储财外国，这些钱财是老百姓交的税，是老百姓的钱，而这些以私人名义存在国外的财产最后下落如何呢？

政治家会不会被权力腐化为政客？政客是否可能因觉悟而升华

为政治家？是否有先例？我要你想一想。

高中生从政

一般说来台湾政界人物的素质要比科技界及企业界低不少，所以我鼓励优秀的高中生以后从政——做政治家。政客有利可图，但不能垂名，位子再高也不被人尊重。在从政时，请记住以下各点，以成为一个政治家：

★你是人民的公仆，不是统治者。如果没有"民为贵，社稷次之，君为轻"的理念，你可能被推翻，被泼墨，最后臭名远播。即使弄了些银子，花得也不爽快。"人民的公仆"这观念是小学课本上得来的，以后这么多年我们却把它忘记了。

★上梁不正下梁歪，执政者如狡猾奸诈，则会教育人民成狡猾奸诈之民，父母之于子女亦如斯。

★"亲小人，远贤臣，此后汉之所以倾颓也。"你上了政治大位，不可能事事躬亲，所以要识人——分为蠢才、庸材、奴才、平才及人才五种。

★以德服人，以力及以诈并不能服人。

★因为制度不健全，某些贪官非法取得利益，西方则层层限制，过滤从政者不法行为。

★政治家是领袖人物（leader），不是经理（manager），不是政客，你要从政，你要有什么样的胸襟？我写这篇文章，我要有什么样的胸襟？

★出了大危机，你得与人民共存亡，不要卷了我们的钱逃到纽约去开餐馆，到东京去做寓公。

由工程师变成政治家？

美国参加公职竞选者常是不得意的律师，因为竞选需要口才，得意的律师事业都忙不完，也就不可能去竞选获利不高的公职了（因为在美国，官商勾结或贪污可能性很小）。律师的业绩是一定要打赢官司，从政后常继续这种心态，把为人民谋福利反而摆在第二位或第三位了。

中国目前领导人大部分是一流大学工学院出身，这让我想到工程师从政的问题。工程师的训练是做脚踏实地、负责任及解决问题的人种，不是花言巧语之徒。"中国工程师学会"的会训曾是"乃役于人"（也就是"非以役人"）。台湾历任"行政院长"大家公认以孙运璿及蒋经国做得最好。孙是电机工程师出身，蒋在年轻时任职俄国重机械工厂，曾任技师及副厂长之职。我个人认为像中国这种发展中国家，主政者（不止一人）工程出身越多越好。发达国家就要各式各样的人才了。优秀的高中毕业生入工学院最多，你以后要由工程师变成政治家吗？要变，要如何变？现在该有哪些准备？该不该增加自己的人文素养？你告诉我。至于比较不同背景（如人文、社会、理化生物）从政者的从政风格，你认为差别在哪里？

台湾的经济成长及社会繁荣是台湾人民的勤奋及科技人员努力的成果，与能言善道的政客无关。最后我要强调：

★ 你如从政，认清自己是公仆的角色，不是统治者。

★ 你如果不从政，也不必效愚忠。你只对中华民族效忠，因为那是血缘及文化的关连，无法改变。

★ 从政者是我们选出来的，如果有严重决策错误或道德缺失，我们要逼他下台，免得以后被他拖下水。

回响

政客无所不为，政治家有所不为

马英九（台湾当局领导人）

....

我们对于从事一个行业的人士中成就高者，往往加上一个"家"字。例如"艺术家"、"科学家"、"作家"、"教育家"等等。世人对政治人物的评价标准，比其他行业要严苛。从政者能够达到"政治家"层次的，为数有限，不少人甚至只能称为"政客"。

祖焯兄在文中指出政客是马奇维里（Niccolò Machiavelli）的信徒，这是正确的观察，但马奇维里的信徒却不一定是政客。固然，许多人因为他的作品《君王论》（The Prince）而视其为"邪恶的导师"。但是，他的某些思想成就绝不容忽视，事实上，他也是政治家的导师。在他的另一本著作《论利瓦伊着罗马史前十书》（Discourses on the First Ten Books of Titus Livius）里，他揭橥了政教分离的原则，也提倡以制衡分权的原理来建立共和国，以及"公民社会"的理想。这些思想，影响了孟德斯鸠，也成为美国建国先贤制定美国宪法的指导精神。美国第四任总统麦迪逊（James Madison）在《联邦论》中写道："如果治国者都是天使，就不需要对政府有任何外在的或内在的制约了。"

这正是马氏务实思考的体现。就我看来，政客无所不为，政治家有所不为。政客的手段政治家并不是不知道，而是不愿使用而已，因此同样一本书，读者却不一定在读完后走向同一个方向。

我日前曾撰文《民主是理性包容的生活方式》，这样的生活方式，必须仰赖制度与文化的建立与维护，这也正是政治家最重要的责任之一。美国历任总统并非全为至圣至贤之辈，但由于制度设计健全，是以两百多年来国势得以维系不坠。由此可见政治家的高瞻远瞩，足以流芳百世。亚当·斯密（Adam Smith）在《国富论》中也强调：法律及制度是影响一国经济成长极限的因素。换言之，一时的政策，或许会造成短期的波动，但是长期下来，不好的政策必定会被扬弃。薛琦教授提出："经济的竞争就是制度的竞争。"提高教育质量、改善投资环境、鼓励技术创新，都取决于国家的制度。

在制度的庇荫下，国家才能累积出法治的精神、理性的态度、人权的保障与包容的文化。民主力量的成长，无法依赖政治神学，也无法依靠选票立即达成；相反地，它们有赖于朝野政治领袖的自制，宪政和法律惯例的建立，公众人物正面的示范等等，长期累积形塑而成。如果社会上每一个公民都有这样的体认，纵然上天没有赐给我们政治家，国家的基础也不会轻易被政客的操弄所撼动。

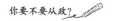

工程师从政？

龚明祺（曾任美洲中国工程师学会会长、理事长，

时任美国 Luxco 石化公司董事长）

我曾数次在中国大陆主办大型工程技术及国际石化市场会议，与中国的领导人及工程界有多次接触共事。我的观察，这些执政者都是聪明、干练而有气质的人，绝大多数是理工出身。但是那是体制及职业出路所造成的——因为在中国的那个年代，高素质聪明的学生争相考入工学院（甚至比医学院还吃香）。有理工背景从政是近代中国一个特殊现象，也因为中国人自认经济及科技不如他国，所以需要工程师从政。这些毕业生由基层工程师做起，一路按部就班升上来，因为优异的表现，最后成为执政治国者。然而这些执政者并不像美国等以普通民众选票取得位子，所以他们努力的方向应该是国家而非个人。因为从事工程建设及生产等实际工作多年，他们心里很清楚国家社会需要的是什么，所以把国家摆在第一位，不可能把意识形态、主义教条这些置于国家利益之上。反观台湾能有今日经济发展，重要的就是因为尹仲容、陶声洋、孙运璿、蒋经国、李国鼎、赵耀东这几位工程科技出身者的领导有方，否则台湾只能发展到菲律宾、泰国、印度尼西亚的水平。

然而工程师执政只是短期现象，是为了国力提升。

接下去国家进步了，各行各业都应该出来领导国家，才会在人文、社会及科技三方面取得平衡发展。实际上从某些角度看，治理国家类似管理一个大公司企业，皆以国家或公司的利益为主。执政者应有以下特质：

（1）对政治有兴趣为首要条件。因为做领袖（而非做经理）以人为主，所以沟通技巧及处理人际关系极为重要。有这两项可产生高度效率，减少消耗精力的人际磨擦。而执政者或大公司企业的领导日理万机，他必须要知人善用、分层负责来分担工作。

（2）聪明也是基本要素，否则无法在短期内学会多种不同及复杂的事务。

（3）有冷静的逻辑理性分析能力，情绪化的人不适合带头。然而他最好也有感性的表达能力，才能说服别人为他做事及支持他的政治诉求。

（4）对国家未来有长远眼光，并非为下次选举作短线投资，出小风头，否则可能导致失败，甚至毁灭。

做"立委"的一些观察

孙国华（曾任台湾"立法委员"，伯克莱加大机械工程博士）

以我做"立委"的观察，人民的眼睛真的是雪亮的吗？许许多多夏教授所说"有足够社会经验及判断力的中年人"，并不能作出理性的判断，选举时出现有如宗教基本教义派的狂热，甚至不少有博士学位的学者也会失掉理智，无法做公正及理性的评判及沟通。所以夏教授说"层次越低的人，政治上的宗教性愈高，越狂热"。我看层次高的人也会如此吧！

在选举的过程中，像台湾这种人民容易被煽动，民主素质有待提升的地方，候选人使用感性的诉求常比理性的诉求有效。尤其在一个民智不全开的地方，"恨"的力量要大于"爱"的力量，"悲"的力量要大于"和"的力量，所以善于选举的人常是 try to reach people's heart, not to reach people's mind。这对国家来说绝对会造成是非不分的损失。

从政者本来可能有崇高的理想，为争取自由、民主、人权而投身，颇有风骨，入主政坛取得权力和资源后，却变成操弄制度、操弄法律、操弄语言，甚至操弄民情的政客。但是以我与外国政府的接触，我知道这些政客不可能成功地去操弄国际上的强权政府，因为这些强势政府不但有实力，还有其本国的战略利益来主导其政策，不容外人操弄。

第 **4** 讲

你告诉我
生命的真相是什么?

天空中有一种蓝色的小鸟,体躯像飞萤一样细小,羽毛如天空一般蔚蓝,所以地上的人们看不见它,但是人们可隐约地听到它美妙动人的歌声。这种小鸟自出生一始即不停地在天空飞翔,不停地歌唱。它永远不着地,也不栖枝。有一天,当它力竭而落地之时,也就是它生命终止的时候。

—— 夏烈《蓝鸟》

这只蓝色的小鸟为何不停地飞翔?又为何一落地即死亡?死亡是什么颜色的?黑色、白色还是蓝色?蓝色带给死亡多少幻想?

生命的意义和本质

生命的意义和本质可由不同的角度观察:

✿ 在生物学上,存在的意义就是为了要延续后代,创造继起的生命。生物学是科学，没有性灵，所以在生物学上人类和其他禽兽相同。

❀ 佛教认为人是为了因果来到这世界，没有选择。人要修身，否则佛性不显。人最终目的是要修身成佛。动物因无智慧，不可能修身成佛。而基督教强调的人生观是人为上帝作见证而来。要信仰上帝以赎原罪，以达天堂。

❀ 基督徒在日常生活中要操持着爱。旧约有云："神就照着自己的形象造人。"然而其他万物如马、狗、狮、虎均非依上帝形象创造，所以人是万物之灵，有权利及义务统治万物，以彰显及代表上帝之意。而基督教重视来世，人必须回归到神的面前，享受天堂的生活。希腊精神则正好相反，不以现世的生活为手段以达天国，而是以现世生活为目的，充分享受它、拥有它。这两种相反的哲学观却是西方文学的两大根源，而且在15世纪融合为一，形成了欧洲的"文艺复兴"。

❀ 存在主义认为人来到世界，他的未来有许多选择的可能，他要自己作决定，也是为了未来而活。因为强调"存在先于本质"（Existence proceedes Essence），所以人不可能是上帝创造的，否则上帝在创造人时，必然赋予他一些本质。人无上帝，所以他孤独无助、痛苦，完全要靠自己奋斗。然而痛苦不也是一种快乐吗？海德格尔（M. Heidegger）说："人是一种奔向死亡的存在。"你同意吗？

❀ 美国的《独立宣言》有云"追求快乐"是上苍赋予人不可被剥夺的权力之一。"追求快乐"（Pursuit of Happiness）到底是什么？享乐带给人快乐，但读书、工作、追求功名利禄……都能带给人快乐。甚至牺牲自己、照亮别人也带给一些人快乐。

❏ 俗语说"天下本无事，庸人自扰之"，那就不要再去想生活或生命的意义了？

❏ 我的国语实小同学隐地（台湾尔雅出版社创办人）说："人活着，每一阶段都让人迷惑，小有小的问题，老有老的问题，只要活着就有麻烦，就充满了问题。人本身就是一个麻烦制造者，就算你不麻烦别人，别人也会麻烦你。"但隐地又说："人活着是因为世界有趣，有光明，有罪恶。如果发生了疯狂热烈的爱情，人生更有意义。"

❏ 尼采曾云："人的伟大在于他是一座桥梁，由禽兽到超人之间的一座桥。"所以尼采认为人类的进化还没完成，下一步是进化为"超人"，那是什么？你想得到吗？

年轻人有困惑

年轻人对生命的意义或生存的价值有困惑，年纪大了，想开了，活够了，豁出去了，就没有困惑了。

所以LKK（台湾年轻人称老年人为老扣扣）沉迷在中发白、卡拉OK、八点档连续剧及各式餐馆中乐此不疲，这些就是他们的鸦片。当然LKK及OBS（欧巴桑）还是有隐地所说的"麻烦"，而且"麻烦"比年轻时更多，但是比鸦片少。

高中生不停地考试，不停地接受四面八方加油的声音，你迷惑是否为别人而活。"我要完全地为自己而活！"那是胡说八道，你要为别人而活——活在别人对你的期盼及压力中。你不可能只为自己而活，唱高调及理想化的口号对现实生活无济于事。生命中不合理的事比比皆是，有些你要反抗，有些要回避，或以后等到机会再作战、再算账。而生命的意义更可能因年龄的不同而改变，你要自己去摸索及领悟，因为每个人不一样，没有一定的答案。

你读书，因为读书带给你快乐，让你能用学识来装点门面，让你用学识作谋生工具。你生活，因为生活中有许多乐趣——游山玩水，欣赏音乐、艺术、舞蹈、电影，看钞票一笔笔地进来，学会了新的知识，新的花样，击败你的对手或情敌……总之，生活要有进步，生活在一个使自己退化的环境里，就是一个老人，就是一个病人，年轻人就是要"好高骛远"。

到了老年，许多人开始探讨生命及死亡。他们戴上苍老的面具，时间的烙印，没有一个人能抵挡得住韶光的销蚀，唯有作家在构筑一座文学大厅，科学家在建造一所科学殿堂时，找回了失去的韶光。他沉静地面对死亡，欣悦地看着作品诞生，整个身心沉浸在永恒中。

人到最后是否有"不虚此行"的感觉，全看你自己，也靠你自己了。如果不能流芳百世，就要考虑是否能遗臭万年。最糟糕的是失去斗志、放弃的人。以前有人写了一本《拒绝联考的小子》，就是失败主义的典型。这像为了爱情，为了失望而自杀的人一样，只是变成别人茶余酒后的谈资，真正同情者寥寥可数。政治上的自杀更是可笑，竟变成同党存活者的垫脚石。

你要努力作战击败对方，你要成为胜利者，因为老天爷喜欢胜利者，永远站在胜利者那一边。（You want to be a winner, because God likes the winner.）

回 响

生物学中的生命意义

Dr. F. Gonzalez-Crussi

（美国西北大学医学院病理学教授，

著有十本有关生命、死亡及宇宙人生观方面的书籍，

被译成多种文字。他被誉为美国最有写作才华的医生作家）

我认为要了解人的生命及其意义，生物学的重要性绝不能低估。夏教授文中所言生物学没有探讨生命的意义，生物学只是说明了物种顽强持续存在，代代延绵不至灭种。这种说法是不正确的。实际上生物学上的进化论也曾明确地说明了物种在这亿万年的演化过程中，为了适应环境而不得不变种。生物不是只有单调、滞呆地绵延后代，它们也能对环境的压力作出适当、有弹性而柔顺的响应。

夏教授言及生物学缺乏"性灵"，由此观点他延伸说以生物学而论，人和其他禽兽没什么不同，这种说法也不恰当。以我的了解，"性灵"是由观察现实所得到的一种心理建构。如果我们忽略现实，或是对现实误察，我们的心理建构就不会正确。实际上生物学给人类上了很重要的一课，那就是我们和其他动物很相似。多少年来，人类一直认为他们是在宇宙中占有特

权的物种。许多大思想家及宗教领袖都坚信世上所有的生物都是为了服务人类而活，而人就是他们理所当然的君主。但是生物学反驳了这种傲慢的心态。生物学有大量的证据证明人类与动物在基因上极为接近，这教导了人类应该谦卑。人在更深入领悟生物学的意义后，才更能认清自己在宇宙中的地位，以及生命的意义。有了这样的意识，人类才不会自居为万物的专制君主，而是会对其他生物有慈悲的爱心，因为它们不是我们的奴仆，它们是我们的朋友伙伴。

你恐惧死亡吗？

李小玉（哈佛大学医学院临床教授及妇产专科医生）

念中学时我曾恐惧死亡。我还记得台北火车站上的大钟，每一秒钟都由大指针划过。我那时想到了以后以移植器官来延长寿命的方式。那年是人类有史以来第一次移植器官成功后的第四年，第一次移植是在波士顿的布理翰妇产科医院。现在，我就在这家医院为人们动无数的外科手术，看到不尽的年轻的生与年轻的死。后来发现年轻时恐惧死亡是很普通的心理状态。

大部分人由逐渐发展中寻找到自己的生命意义。我入医学院的目的是为了济世助人，当然也不否认有声誉及高报酬的因素在内。但是有一件发生在课堂里的事强化了我的焦点。

我在哈佛大学教授临床妇产科，全世界一些最优秀的医科生在我课堂上。去年，某次上课，我班上一个医疗队中有个学生未出席。我追问之下，才知道他去为一个病人捐赠骨髓。骨髓移植不比捐血，要复杂及痛苦许多。突然，我感觉到在我教过的千千百百个医学生及年轻医生中，这个缺课的学生是最合乎做医生条件的。这件事教导了我医学教育的本质。

希望让生命美若艳阳

简信雄

（弘翰实业股份有限公司董事长、建中文教基金会董事长）

年初，我突然因颈椎炎背部痛楚不堪，非用开刀治疗不可，在病床上躺了将近一个月，进出手术房三次，好不容易才完成手术，刹那间顿觉生命是如此的脆弱，生与死只是一刀之隔，所谓人之将死其言也善，默默地在求上天保佑，人临病危其求生之意志即更坚强，我忽然想起法国小说家罗曼罗兰有一语"生命诚可贵，爱情价更高，若为自由故，两者皆可抛"，这句话内容我应该更改为"爱情诚可贵，自由价更高，若为生命故，两者皆可抛"。没有生命一切都化为乌有，哪有爱情与自由可谈呢？

在现实的生活中，我们觉得对待生活的方式，对待死亡的态度是各不同的，有人辛勤工作终日兢兢业业，有人积德行善，有人非常用心寻求学问与真理，有人非常热爱生命，生活节制规律，有人醉生梦死只知吃喝玩乐，而有的作贱自己遇事不顺就想了断自己。因而我们可以说没有正确的人生观就无法坚定踏实而目标明确地走在人生的旅途上。

其实人的一生中，死亡也许并不可怕，可怕的是对人生真正的绝望。虽然死是人生应有的最大焦虑，但我们要了解希望的存在，生命才会有意义，否则没有希望而光是活着，这样的生命有如行尸走肉，因此我们在人生的旅途上要永远充满希望让我们的生命美若艳阳，丽如晴空。人生苦短，但是活得长不如活得有意义，有贡献，因此生命的长短不一定是最重要的。我们活得要快乐要健康；活得要有意义；乐生不畏死，生命有尊严。聪明可爱的高中生，我们要随时注重日常修炼的功夫，锻炼强健的体魄，把握人生的方向，才能维护生命的尊严，发扬生命的意义。人生自古谁无死，留取丹心照汗青。

第 **5** 讲

你为什么
快乐或不快乐？

　　念书时学校里有个獐头鼠目的男生，气质不逊于他的长相，通通不及格，家境、成绩及能力大概列丙上。此人追女孩有个特色，就是胆子大，天鹅肉也有胆去试试，处处碰壁，臭名远扬。有人劝他算了，何必自寻烦恼。他回答："追不上？有那么多女孩让我忙。每天想到迟早追上一个，想到这个，就让我快乐。"后来此仁兄居然追上一个甲下级的女孩，甚至还结了婚。

　　印度非常贫穷，肮脏到难以置信。然而印度人相当和平、友善、快乐，对外国人尤其友善，不偷不抢。他们快乐因为精神生活远重于物质生活。增进物质生活所要求的效率、积极、准时、计算、攻占……都不在他们的簿子上。因为没有高速公路，火车运输极为重要，但又经常误点，几小时之多，不是以几十分钟计。有一次竟一分不差准时进站，乘客高声欢呼——其实是慢了整整24小时！

　　有个女生告诉我她不快乐，我看她各方面都不错，就以为她是失恋，或暗恋某男孩而对方无响应。后来才知道她男友对她相当好，但她天性忧郁，林黛玉型，所以怎么都不快乐，我看最后弄得她那男友也不快乐，大家一齐下去。

短暂的快乐与长期的幸福

短暂的快乐（pleasure）与长期的幸福（happiness）不同。小快乐可能来自听一首喜欢的歌，看电影，读一首唐诗，看一张好画，受到朋友赞扬，得到心仪女孩或男孩的青睐……这些属感官上的快乐；幸福则是长期、真实、稳定甚至永久的获得，比如良好的婚姻、较高的学位或训练、财产的积聚、地盘的巩固。

美国《独立宣言》一开头就言明"追求幸福"是人类不可被剥夺的权力，与生命、平等、自由同重——We hold these truths to be self-evident, that all men are created equal, that they are endowed by their Creator with certain unalienable Rights, that among these are Life, Liberty and the pursuit of Happiness.

这里要指出，西方重视个人主义（individualism），所以快乐或幸福是个人的；东方追求的是群体，日本明治维新后全盘学习西方，但也只是"和魂洋体"。佛家及许多哲学家以内心平静为追求快乐的泉源，佛家甚至认为了解痛苦根源是踏上幸福之途；儒家的中庸之道，不走偏激，被很多人视为快乐的因素。是否如此，你说呢？

快乐是主观的，虽说不能用打分数来衡量，但也有"快乐指数"来描绘各国人民的快乐程度。刚出炉的盖洛普调查，显示前十个最快乐的国家有八个在落后散漫的拉丁美洲，另外是亚洲的泰国和菲律宾。全世界最不快乐的是亚洲的新加坡。因为新加坡是城市国家，生活节奏快，竞争性极强，国民所得超过日本，与美国的4.9万美金不相上下，当然不可能会悠闲快乐。

基本说来，太穷的国家吃都吃不饱，当然不快乐。富国如美国日本这五十年来国民所得增加三倍以上，但快乐指数竟无增加，可见财富并不会带来快乐——但是财富无疑会带来幸福。蕞尔小国不丹提出的"国民幸福指数"，闹轰轰了一阵子。这些都是和菲律宾、泰国及拉丁美洲一样的国家。中国是中国，中国不同，为什么？因为中国要争分夺秒进入发展经济及促进世界和平的世纪，所以不可能，不必也不应悠闲快乐——以后中国的那种快乐应该是由竞争得来的。

知足常乐？

"知足常乐"是最普遍的观察（及结论），那些喜欢歌舞而不富裕的国家，即使到其他国家去作佣人、劳工，周末聚集在一起卡拉OK还是很快乐。他们知道比不上别国，没有前途，不需要绞脑汁、费心力去经营、发展，也不可能在军事上或经济上侵略他国，领导世界——这些反正轮不到他们。

要求不高、容易满足、欲望低都能带来个人的快乐。年轻人如果悠闲、无所事事，像个看透了世事的老人，那么这种个人的快乐可能会导致国家的不快乐，乐极生悲，失去斗志，最后沦为他国附庸或殖民地，就像满清及民国早期中国人在鸦片烟床上吞云吐雾，多快乐呀！

快乐到底是自己的感觉，还是别人对你的观察？是精神上还是物质上的？公元前四世纪，亚历山大大帝征服了当时认为的"世界各地"，30岁那年打到印度河，他以为已打到世界的尽头，再没有可征服的土地了。有一种说法他因此不快乐，失望抑郁至33岁即死亡。所以如果得到你所要的一切，也可造成不快乐。我个人的经验是博士后努力作研究，发表论文，挺起劲儿的。后被选入这项工程全美国最高的研究组织（全美只有二十多名会员），下一步是选入为美国国家工程学院的院士。我自知不够，到头啦！因为到顶而不快乐，以后也就没兴趣再继续作研究了。换言之，目的达到带来的快乐是短暂的，因为下面还有一个更高层次的战场等着你去厮杀。

何种人较快乐

我们常用"天真无邪"四个字形容小孩。小孩是否快乐？因为他们不知道？其实我们回忆儿时有不少不快乐的时刻。英美大学曾合力对70个国家作超大型市调，发现快乐指数与年龄相关成U字形：十几二十岁快乐，30岁下降，44岁最低，50岁回升，60岁回到20岁高点。我想三四十岁不快乐是因为成家、房屋贷款、职场竞争、孩子进入叛逆期、夫妻磨合不够常吵架、同侪好消息的压力、自知年轻时的梦想已无望实现，还有开始听到生老病死等等。

一般说来大都市的人应该比小镇或乡村人不快乐，那是因为竞争激烈，生活紧张，开销大，而且"人比人气死人"。医界分析女性体质及基因有MAO-A的氧化酶，令她们比男性快乐。女性嫉妒心较强是事实，但竞争心却小，所以产生的不快乐也会少。此外，血型是B型的比较乐观及放松。其次乐观是O型血，但O型欲望高，控制心强。A型血艺术气质高，当然比较悲观。比较不容易了解的是OA及OB血型，他们个性可能近A（或B）型，也可能近O型。"心宽体胖"

是老话，实际上近年加拿大科学家发现"肥胖基因"FTO同时也是"快乐基因"。

自从基因工程启程后，科学家发现基因的组合影响人的生活态度，但生活环境及经历影响更大。所以"天生不快乐"即使不能完全消除，起码可以大幅度改善。

诗人拜伦曾有"知识即忧郁"（Sorrow is knowledge）的名句，也就是知道越多越不快乐。可是我个人却认为新知识的获得令我快乐，而躺在床上用i-Pad阅读更是一种莫大的乐趣。所谓人生两大悲哀是结婚以后不再恋爱，以及毕业以后不再学习。

《北京青年报》曾对北京、上海、广州三大城成年人作统计，发现不快乐64%来自工作压力，收入不丰及前途有限；24%不知如何找快乐。我看高中生不快乐则以课业压力为先，有些人作梦还梦到试题不会作，或迟到已考完；再有是爱情，比如暗恋不知表达，或别人已得到，因为高中生究竟还是孩子。但有激烈战事发生，有些不到18岁的高中生被征召上战场，那时生死将成不快乐的原因。

"助人为快乐之本"这句话古今中外通用。即使因助人而自己有损失，那种损失可能也抵不上精神上带来的快乐。"拔一毛以利天下而不为也"那种心态是一般人不能体会的。

快乐基因

基本说来，快乐基因的存在已被生物及医学界肯定，但是它的数质影响力多寡尚有待厘定。有种说法科学家是乐观主义者，因为科学实验常不断失败，如果不能乐观地继续下去，那些科学上的发现也就不会诞生了。但快乐基因并非表面上的乐观，它包括热爱自己从事的工作，强烈的好奇心，一种不计较金钱报酬及未来应用可能性的成就感——也就是不存功利之心（我就常做不到，因为我注重的是结果，不是过程，I am result-oriented, not process-oriented）。快乐基因有先天遗传的，也有后天培养或环境造成的。

由此科学及生理医学对快乐的分析，我又想到极不快乐的抑郁症或躁郁症。抑郁症与反社会型人格不同，抑郁症者攻击能量指向自己，不去杀人而是自杀。基本上"不快乐"是心理状态，可以克服或减轻，甚至由时间杀掉它。但抑郁症可以导致自杀，必须要职业医生诊断、治疗、下药。而且这些药多有副作用，比如想睡觉，记忆力减少，发胖等等——但不吃可能自残或自杀。我不是心理医生，这方面不可能作进一步分析，到此为止。但有一点却值得注意：我在台湾念书时是白色恐怖的威权时期，青年学生患抑郁症的极少。现在台湾民主自由了，也富裕了，青年学生患抑郁症的反而大幅增加，为什么？

快乐或不快乐的某些特质

虽说有财产的人较快乐，但财富也让人头痛，有大把银子，就得绞尽脑汁去经营，滚大，总不能存在银行拿不到4%的利息吧，这种压力造成了不快乐。另外有成就（不管哪方面，好的坏的都算）也造成压力，因为人心相同，得到的东西就不值钱，就想取得更多的。所谓好山好水每天看，看也看腻了。当然，也有人认为压力是挑战，挑战带劲儿，才令人快乐呢，看看亚历山大大帝打到印度河，征服全世界后多不快乐！

许多方面实际的统计调查，人际社交关系比财富及成就更能给人带来快乐。这种关系包括家庭亲人、朋友、同学、同事，狐群狗党也算。与人在一起时间越长越快乐，所以外向（extrovert）的人比内向（introvert）的人要快乐。而根据心理学家荣格（Carl Jung）的分析，内向的人不是跟人混在一起时才快乐，而是他独处读书，听音乐，看电影，思索才带给他快乐。

嫉妒心是不快乐的重要来源之一，年轻人争强好胜，更是容易由嫉妒产生不快。而对别人财富、长相、能力、成就嫉妒，抱怨自己不如人是很普遍的感觉。社会资源有限，机会也不平等，所以你再有本事，也不可能是常胜将军。但是幸福快乐的感受却是人人可以拥有，甚至不需要与人竞争即可获得。在我周围，B型血的人嫉妒心较小，也就是说他们比较乐观及随和。你的观察是否如此？

有些人老去想不快乐的事，比如输给同学，挤不进某些圈子，不被老师喜欢。有些人老想快乐的事，我曾遇到周姓同学小胖子，每天乐呵呵的，笑口常开，天塌下来也认为还有得救，大家称他为"周天堂"，真是名至实归啊！乐观当然有益于健康，压力对免疫系统有不良影响，所以不快乐的人生病率高，寿命也会较短。而且一生病，乐观者多听从医生建议，而悲观者可能放弃治疗。快乐对工作、人际关系、健康都有正面影响。但我们做人要实际，我们要追求有可行性的快乐，而不是天马行空，不切实际的快乐。年轻人经验有限，更要脚踏实地，才不至因追求空中楼阁而最后带来幻灭。像"周天堂"那种快乐我可是做不到。

我要再说一点，在文学及艺术上，忧郁或不快乐常被视为一种美，一种"痛苦的快乐"。其实古希腊的悲剧对后世西方文学有深厚的影响，喜剧影响有限。请想一想，一个悲剧的小说、电影，一首忧郁的小提琴曲（如柴可夫斯基的D大调小提琴协奏曲），一首李商隐的诗，不是带给你"痛苦的快乐"吗？然而那只是暂时的，与生活是否幸福快乐不能画等号。

如何面对不快乐

许多年轻人常觉得这次竞争失败，就是一生的失败。我们年长有生活或生命经验的人就不会如此想，甚至羡慕你们年轻人还有机会咸鱼翻身。这些不快乐的原因可能是你认为如此，去问问其他人，换成别人可能不会感觉那么严重，甚至会认为你庸人自扰。人生不如意事十之八九，命运更不是我们所能掌握，怎么办？不要去算命，不要求神，不要杞人忧天或怨天尤人，积极做那些你所能控制的。我们要在不快乐中汲取教训，理性（或残酷地）分析不快乐的原因，是否可脱身或转移，如果不能，就得接受，反正你不可能永远是winner。还有不要事事求完美，完美主义者多不快乐，我们从小就要学会面对不完美、失败、挫折及失望。因为，人生是一连串奋斗串成的，不见得是一连串快乐串成的。

有时候因为得到了，目的达成了反而有空虚及不快乐的感觉，因为人心不足蛇吞象。但是这种不知足造成的不快乐，激励了下一波的征战，造成个人甚至国家的前进。

最后我要说：喜欢交际，脚踏实地及不过分追求完美，这三项是快乐的泉源。你还能想到第四或第五项吗？

回 响

若国民不快乐，则国富无意义

木杉（《精品阅读》杂志编辑）

对夏教授关于个人快乐的观点深深认同，但关于中国目前应快速发展经济不必在意"国民幸福指数"的论述我则有不同意见。

这几年中国经济飞速发展，GDP已超越日本，成为世界第二大经济体，但国富并不代表民富，当然也不代表国民"快乐指数"的上升，备受关注的是：环境污染已经严重威胁到人民的健康，社会财富分配不均贫富差距进一步拉大，房地产市场畸形发展房价高企让普通人望价兴叹，工资增长的速度赶不上物价上升的速度等等让普通老百姓的"快乐指数"无法上升，而且有下降趋势。据《小康》杂志和清华大学媒介调查实验室联合开展的幸福感调查显示：在中国，公务员最幸福！这一调查结果里暗藏着危机，因为"人民公仆"的幸福感竟然比"人民"普遍偏高。

为夏教授所不齿的蕞尔小国不丹提出的"国民幸福指数"其实值得我们学习，不丹设立了一个国民幸福总值委员会，负责审查所有政府各部门提交的新政策，如果某项政策被认为与推进国民幸福总值的目标相悖，那么会被发回有关部门重新考虑。只有如此把国民的幸福计划落到实处，国家的发展才会进入一个良性的通道。珍重个人的快乐与苦难，重述个体的权利与尊严，应是国家方向的校准。

人生充满戏剧性，何必不快乐！

龙明媚（广东陆河外国语学校心理咨询老师）

一天，一个女生心事重重地走进学校心理咨询室，还没坐下来，眼泪先流出来了。她就这样一边哭泣着一边向我讲述，讲了整整一小时。其实事情经过非常简单，也极为常见：她喜欢班上的一个男生，结果发现该男生和自己最好的朋友好了。"我为他写了整整一本日记，篇篇日记都给好朋友看过……我现在课也听不进去，作业也写不了，饭都吃不下去，不论在干什么都会突然泪流满面。"

我拉着她冰凉的手，帮她擦去眼泪，她突然说："老师，你不要跟我说大道理，道理我都懂。"我说我没打算跟你讲大道理，我推荐你看一部电影《和莎莫的500天》，然后你为那个男生写的日记，你鼓起勇气再仔仔细细从头到尾读几遍，如果你感到痛苦难耐，那么试着用文字把你的痛苦都写下来。这些全都是你将来的财富，若干年过去后，你再捧起这些日记，你会带着幸福与甜蜜来看它们，并庆幸自己当时没有将其销毁。而你的好朋友，她如果足够聪明，就会明白，是你在带领她、引导她发现那个男生的好，她要感激你，如果她真心实意地向你示好，那她将可能是你一辈子的闺蜜，你舍得错过吗？如果她意识不到这一点，她反而瞧不起你，那么这样的朋友，失去了反而是好事，不是吗？

过了大约一个月，这个女孩兴高采烈地跑来跟我说，她写的一篇文章在报刊上发表了！

因祸得福，不是吗？没准她从此踏上了文学创作之路呢？

高中生因为人生阅历少，特别容易钻牛角尖，遇到一些小事就觉得天都塌下来了，要死要活的。不过话说回来，我们在中学时代又何尝不是这样呢？人生充满戏剧性，碰到暂时过不去的坎了，想想"生死有命，富贵在天"，然后找本幽默风趣的书看看，快乐没准就回来了。毕竟，学生时代，一次比赛的获奖，一次考试成绩的飞跃，就能带来巨大的快乐！

第 **6** 讲
选系不选校，
离家念大学最好

从 Blue and Gray Game 说起

美国的南北战争是因南北双方经济及生产方式相异酿成，与人道主义解放黑奴没有什么关系——种族优越感重的白种人会因黑奴的人权而自相残杀吗？1861年至1865年的四年内战死亡人数竟仅次于二战。

进入20世纪，美国最重要的体育不是篮球、棒球、网球、田径、足球或高尔夫球，而是只盛行于美国的美式足球。每年全国大学联赛后圣诞节时，有一场南方各大学联队对北方大学联队的美式足球大赛，正式名称是 Blue and Gray Football Classic，因南北战争时，北军着蓝色军服，南军是灰色军服。此南北大赛1939年启战，持续65年至2003年始因经费而暂时中断。

近数百年，西方人显然比东方人远具冒险犯难精神，所以发现新大陆，航行世界一周，征服南北极，登上圣母峰，进入外层空间，登陆月球……全是他们。他们可以在全世界建立殖民地（19世纪只有美国及日本不是，中国是"次殖民地"），极尽搜括之能事，才有今日欧洲各国的富裕发达。反观1405年郑和开始下西洋，船队240艘，远超过1492年发现新大陆的哥伦布的3艘船。但是似乎并未横渡太平洋、印度洋或大西洋，大多只是沿着岸航。因为那时不确定地球是圆的，怕航到世界尽头，坠落瀑布！而且航到南洋各国，随后并未派军队去驻扎，如此如何能强力控制南洋丰富的资源、土地及劳力？如何注入优异的中国文化？

文章开头言及这两件不同的事，是要表明先进的美国也有南北之战，以及西方人有冒险犯难的精神。也因如此，近600年来西方在科技及文化上遥遥领先中日韩的东方。

离家念大学及选校

目前世界上最进步的民族是盎格鲁撒克逊族（Anglo-Saxon，英德为主）。美国是民族大熔炉，主流文化就是盎格鲁撒克逊文化，不是南欧的拉丁，不是北方的斯拉夫或斯堪地那维亚。在教育上，盎格鲁撒克逊族鼓励孩子及早独立，所以许多十七八岁高中生毕业即出外念大学或工作。如在本城念书或工作，也会离家租屋住。中国大陆的孩子离家念大学也相当普遍。最近15年，我观察到留美生以中国大陆为主，奖助学金也多给他们，台湾学生获取越来越少，和我留学念书时极不相同。台北高中生被称为一踩即扁的草莓族，近又有水蜜桃族之称，不踩自己会烂掉。我们大学毕业约22岁，工作到66岁退休，有44年的工作生命，所以念大学住在家里享受也只有那么四年的时间，下去44年还要拼斗厮杀。

所以我鼓励学生到外地念大学。短期游学或外地训练没有什么用，和旅游相同。

这里所说的离家不一定是去外省，也包括去港澳台及欧美日本念大学。年轻时性向及观念可塑性强，不同的社会及居地经验当然有利未来的发展。独立生活必须被迫和多种人打交道，这些在家里都是由父母料理。不要小看这种经验，即使没遭遇什么困难，带给你的影响还是潜移默化，不只是生活上待人接物的训练，也是观念思维的训练。你会变得比较机警，对人对事都比较有判断力，也增加了你的筹划力，甚至增加想象力及创新创造力——许多事情是由小看大。

一个有大志的人要有冒险的精神。我常对学生说：人最大的危险就是不冒险。你不要为了眼前的方便及容易而失去大方向。再说到选校，如果你是男孩，社会对你的期许要比女孩高——而且高很多，你跑不掉。要选的是系，不是选校，因为入了大学要转热门系很困难，转成功常不及五分之一，轮得到你吗？大部分的科系出路不好，选对了学校也没用。我们选校及选系要顾及的排行顺序是：

（1）出路；

（2）个人的兴趣；

（3）个人的特长（譬如我是文学教授，但文学并不是我的兴趣，却是我的特长及天分）；

（4）该校给业界的印象；

（5）读书、生活及运动的环境；

（6）成长的训练。

这六个顺序可以互调，但"离家近"绝不在顺序之内。

选系，不是选校，因为尔后的发展是以就业出路及个人的兴趣为主。

我要再强调一点，未来发展，不论是公司企业，政府机关，学术教育，商场，甚至黑道争老大，专业只占20%，沟通占80%，其中书写沟通（Written Communication）占20%，口头沟通（Oral Communication）占80%。换言之，口语沟通占三分之二（80%×80%=64%），专业只占五分之一，所以EQ比IQ重要。

由上观之，聪明的高中生应可明眼看出你应如何衡量。

我的个人经验

我念成功大学工学院是因为大专联考物理惨遭滑铁卢只考20分（数学分数却极高，拉补回来），没考上台大。那时清交二校大学部尚未设立，排名顺序是台大、成大、东海、中原、政大、中兴、师大。我是家中唯一男孩，自幼家境优裕，养尊处优，因某种原因，我在成大四年只是混过关，不想也不能斩将。在密西根（州立）大学念博士却出类拔萃。如今名利双收，我回忆成大四年给了我许多想法。

17岁离家生活，使我成长得快，更负责任，学习到与人沟通。我结识台湾南部地区的人，了解他们的传统、思维及习性作风，尊重他们，甚至获得灵感。我觉察到南部人的纯朴（所以容易被狡猾的政客欺骗），不及台北人复杂及西化。然而实质上，却感觉不出他们和台北人有什么大不同。毕业后服预备军官役，入野战部队轻装师步兵连带兵，多次移防，实战演习，外岛守炮位，守山头，都很调适，不觉得苦。有预官抽到野战部队的签，竟然哭起来，娘娘的。后来去美国念研究所，因大学成绩太坏，根本申请不到助教金补助，靠打体力工维生，也无怨言，也不觉得辛苦。入了社会已成为比较会混的人——这是成大四年打下的EQ基础。

台湾一共出了两位诺贝尔奖得主，第一位是建中及成大机械系出身的丁肇中；另一位是新竹中学及台大、清华出身的李远哲院长。后来成大出身的朱经武（香港科技大学校长）听说数度与诺贝尔奖擦身而过。这情形与日本第二的京都大学很像。东京大学一直以争取为日本第一大学为目标，然而京都大学却产生了更多诺贝尔自然科学奖得主。有人分析是因为京都大学位处人口比东京小十倍以上，保守朴实的文化古城，有宁静的校园，学生容易静下心来读书，在大学时期奠定尔后做学术突破的基础。京都大学的学生入学时是排第二，输给东京大学，但他们一点不觉得自逊，反而努力以赴。成大的学生有些相像，所以多年来被企业界票选为最受欢迎的毕业生。我个人虽在成大没好好念，却深受感染，20岁左右就觉察到勤能补拙，脚踏实地的成大美德。更像京都大学学生一样，以自身为豪，这对我后来能名利双收影响不少。

结语

一个人的格局就是他的结局。社会在变，国家在变，大学在变，职场也在变。高中生及家长不能将自己禁锢在思维的锁国状态，要及早应变。以不变应万变绝对失算。你的生涯规划或盘算，专科训练，人生态度，生活经验，沟通技巧……一切在大学部扎根及形成，不是研究所或博士后。我再强调，年轻时不同的经验对未来影响至巨。我把这些写出，也邀有经验，有见地，有成就的人士写回响，分享他（她）们的看法，反驳，赞同，抗议，补充……

回 响

——————————————— (((•

早离家的孩子更重亲情

黄煌辉（台湾成功大学校长）

详阅夏祖焯教授撰写《选系不择校，离家念大学最好》一文后，感触良多，也再次勾唤起感恩与思念父母之情。13岁小学毕业后，糊里糊涂在老师的期许与怂恿下，参加台南市初中联考，也在老师及家人紧张的气氛下，共同收听收音机播放的录取名单。考上台南一中的初中，可是乡里间的一件大事，犹如电影中考状元、中进士一样的风光荣耀。乡下离台南约有30公里，当时因交通极为不便，感觉上就如同今天从台北到台南那么远，因此父母亲托人寻找可以寄宿的处所，新生训练时就离家寄宿求学。

到了新的寄宿家庭，与不同年级、不同个性的同学共同生活，因此如何与他人相处，乃是年纪轻轻的我所面临的第一难题。如何结交谈得来的朋友，如何处理不喜欢的室友，都在这期间慢慢地自我体会，而培养日后在中学、大学、研究所及未来进入社会服务，能获得同学、朋友、同事喜爱相处的好EQ，但也保有自我内心选择的原则。对于人与人相处的敏锐感觉，乃是初中离家求学时，因应环境配合下培育出来的独特个性。在此不得不感谢父母、老师当时的选择决定，让我有机会获得人生的磨炼。

另外，第一年寄宿期间，父母亲每个月给240元，其中180元交给房东付房租、包饭及洗衣，其余60元为零花钱与购物。为了担心月初富裕、月底没钱的窘境，13岁的我即需自行分配控制60元零花钱的使用，由于长期累积处理金钱运用的经验，使得日后生活都能平顺愉快。另外值得一提的，乃是初三参加童子军露营活动，因为骑单车下斜坡，不慎撞及年老妇人而遭索赔200元的医药费。由于担心父母知情而不敢明言，因此向同学借了200元。为了偿还此借款，只好3个月忍着省下零用金，以清偿债务，了结人生第一次的经济危机。此事件也让我个人领会出应付急难、渡过危机的处理之道。

夏祖焯教授在文中以清楚的数据道出"我们大学毕业约22岁，工作到66岁退休，有44年的工作生命，所以念大学住在家里享受也只有那么四年的时间，下去44年还要拼斗厮杀"。此意谓现今的家长或年轻学子为了舍不得让孩子或自己离家求学，而选择居家附近的大学。结果是四年的大学可以放心而舒服地度过，然而却因此减少个人独自处理人、事、物的磨炼经验，更遑论能有机会去欣赏不同地域的风情文化、不同环境习俗，以开阔人生视野。我们都了解，经验的累积攸关一生的成败，在学习过程中最容易体会个中道理。

尤其一个趋近成熟的大学生，正是人格形塑、健全心智、接受专业的黄金时段，更需要利用这难得的时空环境，接受自我训练与挑战。因为在此时，纵使有所不适或不足，都还有机会弥补，否则日后进入社会所面临的挑战，更将是十分的残酷、严峻。聪明的父母亲如果为了疼惜孩子而过度地保护，只是延后孩子进入社会接受环境挑战的时间而已——终究最后还是需要进入社会的历练。

综观古今中外，成功的人不都是在成功过程中付出比别人更多的心力，而且历经更多的心志考验吗？所以我们平常只看见别人成功的一面，而忽略成功背后的付出。再者，在年轻的时日离家求学，将能体会出父母平时照护的爱心，也容易感受到亲人相处时的温馨，对于亲情的体认，将有助于父母兄弟姐妹感情的维系。年轻人只要你能超脱自己、选择自己、勇于尝试、接受挑战，几年后，你将是父母眼中坚强独立的孩子，对于未来的任何挑战都将能迎刃而解，开创未来数十年的坦途，也将体会真正的人生。希望你能像穿着蓝军服、灰军服，走过南北战争的年轻人体会出美国天地之大，白人黑人平等和谐相处的重要，开阔人生的眼界和视野。

根据大学特色择校

陈力俊（台湾清华大学校长）

近年大学入学有多种管道，所以高中生入大学应作何考虑？什么是明智的选择？不但是新生要面对的问题，也是家长及社会见仁见智的问题。一般说来，新生信息不足，以致沿袭成风，向都会区大学热门科系集中。以三个美国顶尖大学为例，斯坦福大学生选择依序为生命科学、经济学、国际关系以及工程科学；哈佛大学两千名教师中仅有约10%为理工科系教师；而麻省理工学院教师中仅有约10%为人文社会科系教师。可见大学各有特色，以应不同学生之需。我国高中生常妄顾各大学办学绩效与特色，只按照去年录取分数依序排名，先选学校，才再选科系，这是相当错误的做法。

在异国念大学

Natasha Louise Lutes（成功大学英国籍留学生）

人们会认为我的生活多彩多姿。我出生在美国，父亲是美国人，母亲是英国人。我的童年在英国度过，12岁去澳大利亚，21岁离开澳洲去各地，最后将在22岁在台湾读完我的大学学位。我从未在一个城市住超过

8年，也从未在一个家住超过4年。我16岁那年去日本做交换学生，住在几个不同的接待家庭。18岁那年离家与其他三个女孩共租一间公寓（我自己负担一切费用，虽然我母亲已成习，每次见面就塞给我一些钱）。

据我观察，中国的年轻人在读书进修、家庭及工作上，要比我所见大部分的西方青年有责任感。但我这年龄的中国人确实在社交技巧及"对自己负责"上不够成熟。以下我作一些解释。

社交技巧：你看到有多少大学生没有女朋友？你们有多少人每晚在MSN上与朋友聊天，见了面却不知该说些什么？假如一个完全陌生的人叫你白痴，你们之中多少人会生气？一个陌生人因你叫他白痴而动怒，你们之中多少人知道此时应如何应付他，而不至动手大打出手？这些都与社交技巧有关，也与拥有一个快乐及健康的生活有关；而许多中国的学生（尤其是名牌大学的学生）缺乏这种技巧。在中国似乎"书读得好"就等于"生活技能差"。

这种社交技巧可以学得到，但是你得冒点小险去学它。六点回家吃晚饭的学生比离家住的学生要难学到这些。那些刚入大学就有这种社交技巧的，几乎全是来自经济较差的家庭，念中学时就得打工或被迫住在外面。必须要与别人交往会训练你如何去做——和陌生人交往也让你离开父母的保护。

我还看到"草莓族"缺乏"对自己负责"。这不是指犯错时自己承担起来，而是指对自己的未来及快乐负责。每个人都害怕改变；这是人类通性。我们都希望保持原状，安全，能掌握、稳定。但是勇气就是面对恐惧及不顾恐惧奔向成功。

趁我们年轻多出去看看

霍扬文（时为清华大学学生）

我的家乡在西安市，高考时，我毅然决定想去北京上大学，去一个陌生的地方独自开始学习生活。在北京度过了两年半的大学时光，又一个机会到台湾进行为期一学期的交换学习。在这之间，我亦不曾放弃可能出去看看的机会，随高中去德国交流访问；随系里去意大利专业考察；参加暑期项目到香港培训。将来，我更希望自己能获取奖学金去美国深造。总之，我是一个总想往外跑的年轻人，外边奇异的世界对我有说不出的巨大的诱惑力。每当在一个地方待久之后，就会很想换个环境重新生活，在一个陌生的环境里，重新开始，重新塑造一个自己。在那里，没有人认识你，可以完全摆脱那个熟悉环境曾经给自己的制约，努力变成理想中的自己，正如同一次蜕变。

如今的世界，随着科技的不断进步，距离所带来的影响已经越来越小，很多人过着白天在纽约，晚上在巴黎的日子，一天之内可以横跨地球。不同国家，不同地区的人在世界各地相互沟通合作，文化的交融与碰撞不断上演，作为我们新一代的年轻人，正是在这显著的趋势下成长起来。即使说，条件的制约，使得很多人不能走出国门，那么，至少可以在自己国家内进行尝试，去不同的地区学习、工作。我想任何一个国家或地区都有地缘上的差异，南北部的差异，东西部的差异，沿海和内陆的差异，在体验过差异后，我们才会变得更加全面。

第 **7** 讲

你适合
去美国留学吗？

　　美国和中国有相当的关系；实际上美国和世界上任何一个国家都有相当的关系。因为她是世界第一经济及军事强国，文化也算数一数二（包括好莱坞，麦当劳，牛仔裤……）；又是一个移民缔造成的人种大熔炉，黑人都会被选作总统。美国在1776年独立建国时，只是蕞尔小国，人口三百多万，没想到118年后的1894年，工业生产总值已达世界第一。跨入20世纪的两次世界大战，更把美国打阔了，国力推至新高峰。

美国人讨人喜欢？

　　美国大概三分之二是欧洲白种人后裔，12%是黑人，15%是拉丁裔（老墨为主，因为加州、得州、新墨西哥州等本来就是墨西哥国土，败战输给美国），近5%是亚裔，其中华裔约1.2%，370万人。全美大约有13%出生在外国，第一大城纽约竟有36%外国出生。你告诉我：中国及上海市民有多少人是在外国出生的？

在美国，欧洲后裔以英国及德国最多，所以主流文化是英德为主的盎格鲁撒克逊文化——冷静、公平、自制、守法、讲效率、重商、认真。这些是他们骨子里的特质，外表上，老美嘻嘻哈哈，相当有幽默感及亲和力——越是老头儿，越是和蔼可亲，不像中国老人那么权威，板着脸，手背在腰后。然而，他们的认真及公平，也令生性马虎的中国人认为老美不讲情面。比如教授今天和学生一齐喝啤酒谈笑，下星期可能告诉你这门课你过不了关，很抱歉！

你听到"美国是儿童的乐园，中年人的战场，老年人的坟墓"。因为儿童教育采启发性，不打骂，鼓励小孩运动，课时少，所以小学及高中生很少带眼镜的。但是一进大学，课业立即忽然加重，没什么好客气的，而且绝不容忍考试作弊，同学会检举作弊的（工作后贪污或小小挪用公款也会被同事检举）。这种课业突然加重没关系，因为中、小学时运动多，身体好，精神好，撑得下来。"中年人的战场"是因为高度资本主义社会的竞争性，私人企业不可能允许吃大锅饭。美国对老人尊重，但是并不敬老，老人也不企望子女对他们有多孝顺，尽量不去打扰子女，这和中国人所说的"百善孝为先"不同。美国是个年轻的国家，尼克松39岁当选副总统，肯尼迪43岁当选总统。请注意，这是人类有史以来第一大国的总统，不是中南美洲那些小朋友国家的总统。

美国人确是可爱，也被许多国家视为带头的国家，但是美国一直对外发动战争。其实日本人也端庄多礼，但集合起来侵略性就出来了。中国人许多去美日二国留学或工作，但必须要看清楚，心里也要明白：任何强国的人民再温良有礼，他们的底线还是以本国的利益作考虑。而对外战争常有助于凝聚国民的团结向心力。

宗教是他们的人生大事

基督教在欧洲发展近两千年，我们去欧洲旅游常先去参观各地的教堂。但是今天欧洲人不信教的相当多，无神论的存在主义也源自欧洲，反而基督教在美国是一个重要的社会稳定基础。为什么？因为两次大战摧残了欧洲，却未波及美国，欧洲人还相信上帝吗？

美国人近80%是基督徒。然而，基督教并非国教。欧洲一直是政教合一，但美国早期移民如"五月花号"是为了躲避宗教迫害，才来新大陆。以后独立建国，虽信仰基督教，却不准宗教进入政治，以避免重蹈欧洲政教合一的覆辙。现在每周上教堂的人少了很多，但基督教还是一个稳定社会及提倡道德的力量。我居美多年观察到，美国人的价值观可说来自资本主义认真实干的工作伦理、基督教的道德传统，以及古希腊传下的理性及人道精神这三大项。

美国人认为言论自由及信仰自由是他们的特色。如果在美国有人问到你的宗教信仰，你可照实回答，你不是他们的基督教，是佛教、伊斯兰教、印度教、无神论者、不可知论者（agnostic）……都没关系。但如回答"我不知道"，那他们会认为你这人很糟糕——怎么连这么重要的人生大事都下不了主意？

美国人没有阶级观念

1776年独立建国时，当政者没有欧洲来的贵族、皇室、世家或它们的后裔，所以美国人没有传统包袱，更没阶级观念。这种作风持续到今天，举例说职场上你直接称上司的名字（first name）乔治、亨利或玛丽等等，而不是某局长、某总经理或某校长——这在中国不可思议，没礼貌。美国人有动手习惯，最高级主管不用司机常自己开车，替下属倒杯咖啡，为女性下属开门……司空见惯。所以骆家辉大使不是作秀，他就是个老美，只是有张黄面孔。

基本说来，美国人不太讲究个人排场，手表、衣着、手机都不讲究是名牌。盎格鲁撒克逊文化相当实际，鼓励孩子及早独立离家，富家子弟也去麦当劳打工以资磨炼。他们重视天分及与生俱来的能力；中国父母则强调努力，所以对孩子期望高，干涉孩子的世界。美国父母认为孩子要自由发展，按自己的特长兴趣自寻出路，不一定要念大学。像微软的比尔·盖茨哈佛念两年就休学，苹果的乔布斯以及沃兹尼克也是大学休学，他们不认为大学文凭是成功的必要条件。

中国人讲究关系，而且关系复杂，走后门，送厚礼，抱大腿，行贿……样样有学问。美国人就简单得多，直截了当不含蓄。我曾负责工程品采购，与厂商来往，上百万美金交易定案，连一顿饭都没请我吃。要好处或贪污根本不可能，一开口，立刻会被检举。因为他们是个公平的社会，不能拿分外的钱，所以也没有行贿的习惯。

讲到钱，多数美国人认为"贫穷就是罪恶"。因为没有阶级，没有包袱，高度发达资本主义的社会机会很多，只要勤奋就不应该穷，他们对穷人没有同情心，对弱者也没怜悯心。这当然有违基督教博爱的精神，但世事常不是一定的，尤其个人主义的社会，多数人会优先考虑个人利益，不是无私的宗教心态。美国祖先开拓新大陆备极艰辛，这种努力以赴的精神流传至今，而新教的工作伦理与资本主义的精神一致——努力工作，努力钱生钱，努力享乐！

另外我要提出一点：美国是人种大混合的民族大熔炉，即使是白种人也混合了欧洲各国人种，所以近亲繁殖的概率减少到最低程度。有欧洲人告诉我因此美国人比欧洲人要优秀。实际上，在教育上，职场上，社会上都应避免近亲繁殖：比如学士、硕士、博士在不同的大学念；工作的单位或公司不是终生一家；居住的城市不是一地。如此汇合不同经验，你才会更出色。

球员受重视

讲到享乐，美国人对能提供享乐的人报酬极大，球员、歌星、明星、节目主持人、导演等等的报酬率高达每年几百万到上亿美元。美国最重要的流行歌曲演唱者是猫王普莱斯利，他只活了短短的42岁，唱片销出一亿五千万张以上，在田纳西州首府孟菲斯城拥有大庄园，仆从食客如云，庄前大道名为埃尔维斯·普莱斯利大道，他的肖像隆重地上了美国邮票。

对美国人来说，最重要的运动不是我们以为的篮球、棒球、高尔夫球或足球，而是美式足球（American Football）。这种球是橄榄形，源自英国的橄榄球运动（Rugby）。因为是全队战略性的运动，所以每个中学、大学及城市都以美式足球队代表他们学校或城市的精神。球队在中学及大学极为重要，有相当大的预算及影响力，甚至密西根大学等六校的美式足球场可容十万以上观众。所以在美国的大学里，如果你会踢球，社交就会比较容易。

美国的国定语言

美国从东到西饮食、娱乐、语言、衣着、文化习俗全都一样。

欧洲就不是如此：俄国人和英国人不一样，北欧人与意大利人更是南辕北辙。在中国，山东老乡和南方的老广一看就不同，张嘴更不同了。

美加两国都是以英语为主，但是美国并没有国定语言，你可以中文考驾照笔试及路试（有会说中文的考官），入美国籍口试用中国普通话可以，广东话也可以，但是我想如果要求用天津话大概不行。介嘛不行？找不到一个会说天津话的来问问题。如果在唐人街成立一个讲广东话的小学，没问题。但是谁要送孩子去这种学校？以后出来怎么在社会上混？

在美国的华人都光鲜亮丽？

华人有生在美国的ABC（American-born Chinese），生在中国的CIA（Chinese in America），台湾来的MIT（Made in Taiwan）……多种。早期是备受压迫歧视的铁路及淘金劳工，60年代有大批科技工程人员，以后跟来许多移民。来的原因最主要是经济。

国内的报章杂志常报道居美华裔的辉煌成就，比如西屋科学奖入选、学术及性向测验全美最高分、钢琴比赛冠军、十五岁大学毕业等等。但一个族裔的成就取决于他们在居住地的社会地位。社会地位并非抽象名词，它代表了功名利禄，伸展为控制社会的权势及主流性。

目前的情形是政府机关、大公司、重要社会团体的决策管理阶层、公关及对外发言人鲜有华裔；常上报的社会名流也少有华裔；华裔有许多中小型企业的业主，但是在任何一行都没有绝对的影响力和声望。华裔理工科人口比例过高，这些人老实、不搞政治——

在政治及打知名度上是被动者。华裔还是停留在自己人的圈子里打滚，随遇而安，缺乏带头的领袖人物，因为不重视自己的社会地位，社会地位也不高。华裔是名副其实的"少数民族中的沉默多数"。

数年前旧金山纪事报有一为期两周的专刊报道亚裔与白种人之间的婚姻及爱情关系。明确指出白种男性对亚裔女性有很大的兴趣，因为亚裔女性的温柔和顺等美德，再加上沉默寡言更增加神秘感——神秘本身就是一种性感。然而白种女性对亚裔男性却没有兴趣，甚至和亚裔男性亲密交往都会受到异样眼光。

目前，一个族裔社会仍然以男性为主，美国的主流社会非常清楚这一点，所以对于华裔具有领袖气质的男性多方暗地压抑他们的发展。但是却有意提拔一些华裔女性做经理或出风头的工作，因为他们知道华裔女性威胁性小，提拔出来有柜窗展示功能，不至于出大篓子，带人抢了大饼。

留学美国学什么

全美华人有40%以上居住在加州，因为加州有许多东方文化，有高科技的硅谷，有南旧金山的生物科技，有洛杉矶地区的军火工业，有昂贵的房地产可以炒，有唐人街中餐馆可以大快朵颐。有人说旧金山湾区是世界上最适宜华人居住的地方，而南加州的洛杉矶也不遑多让，是全美华人最多的地区。南加州大学（University of Southern California）竟有2,500名以上的中国学生！我请问你：北大和清华各有多少美国学生？

最近调查全球野鸡大学名单出笼，美国占了一半！其中不少中国留学生，有些是贪官的子女。这些野鸡大学的市场需求很大，对美国经济贡献可不小，每一个野鸡留学生所缴费用可以养活一个美国人——中国人总算可以在美国养美国人了，哈里路亚！

许多家庭要把孩子送去美国念书，而不是欧洲或日本。这是因为语言有基础，英文在学校是必修；如果学成留下来，在美国就业没问题，在欧洲就只能开餐馆，而开餐馆不但要会法国话、德国话、意大利话……还要会温州话，多累！

一般说来，9岁是个切入点，15岁是另一个切入点。9岁或之前留学或迁去另一个地方，会全盘融入迁入国（或地方）的语言及文化，来往朋友也是新地方的人，婚姻对象将是当地人。换言之，与母国的脐带切断（但是还是会留一条中国尾巴）。9岁至15岁留学，保留母国文化及语言，但不会全留，来往朋友两边都有。15岁以后留学，最后即使比我们这些二十大几才来的英文要好很多，融入要强很多，但心态上还是和20多岁才来的没区别：要结交母国来的做婚姻对象，要聊北京或上海那些往事，要为钓鱼岛不惜发动战争……

台湾的中国人50年代开始来美国，以留学生为主。大陆国人80年代开始，最早的是45岁以上的交换学者，下一波是读研究生的留学生，如今有不少学成留美就业，有些回国。"海归"一直对大陆和台湾贡献很大。如中国两弹一星的重要科学家，台湾新竹科学园区的工程师，多是在美国接受高等科技训练。一般说来，在海外发展有限，学成归国越早越容易有成就，你如留学，要时时想到这一点。

留学！要学的不只是学问或技术，还要学习先进国家优雅的生活习惯及文化，比如他们如何说话，如何穿着，如何举止，如何处理人际关系，如何处理事务及程序，这些中美相当不同。中国经济及军力虽强到世界第二，国民素质还是相当落后，我们必须要虚心向国外学习，千万不要以五千年文化历史而夜郎自大。

最后我要说，我的观察美国人都很爱国。是因为国家强才很爱国，还是爱国才促成国家强？这个蛋生鸡或鸡生蛋的问题值得讨论。那么，中国人够不够爱国？如果不够，为什么？如果够，为什么？你告诉我。

回 响

天堂？地狱？It's up to you!

芦艳玲（美国威斯康辛州立大学教育学硕士）

很多人听到留学，尤其是美国，第一个反应就是，哇，去美国留学！好厉害！其实，真的有那么厉害吗？美国真的有那么好吗？我所知道的美国绝对不是天堂，当然也不会是地狱。换个环境生活，当然会有很大的益处，开阔眼界，这是一定的。但是，遇到各种生活以及学业上的挑战及困难，那更是一个必经的历程。

如果第一年你申请了学校的宿舍，那么你与室友的关系就决定了你这一年的生活质量。好的话，免费载你去各种你需要去的地方，介绍周围的环境，甚至在过节的时候，带你回家。不好的话，夜夜笙歌，要知道美国的学生是非常喜欢开派对的，而且宿舍不限制留宿，所以，你可能天天晚上都要和对方的男/女朋友共处一室了。

另外一个很大的挑战来自语言。出国之前，想着怎么着咱们也学了十几年的英语了，还不能应付？其实，这是很大的误区。学术英语和生活英语是有很大差别的，另外，我们一直听到的都是标准音，但是美国是个移民国家，授课的教授也来自世界各地，什么拉丁裔的，印度裔的，哪儿的都有，一时半会儿，还真的挺难听懂。课没听懂，那咱就课下多花点功夫呗，这个时候，你又会发现，你学了这么多年的英语，其实水平还真的不如人家的小学生！焦虑，无助，担心，以及其他生活上的不适应都会同时来袭击你。

此时，学会排遣压力就变得至关重要。运动是很好的一个方法，所以你才会发现，美国人那么爱运动！另外，如果对厨艺比较感兴趣，可以学学做菜，中餐、西餐，甚至甜点……毕竟独自在海外生活，会做饭也是必备的生存技能之一。

不管怎样，学会缓解压力，将是在美国必须学会的课程之一。当然，纾解压力并不意味着放任自流，所以还必须有一定的自制力，不然在美国这样很容易得到毒品的环境里，一不小心变成了瘾君子那就是一辈子的事儿了。

其实，所有的困难在头三个月就都会遇到，如果头三个月熬过来了，那么后面的日子就会越来越好过了。总之，乐观、坚强和积极的态度，是战胜一切困难的法宝。

美国梦

考拉小巫

（新浪名博"考拉小巫居"博主，畅销书
《考拉小巫的英语学习日记——写给为梦想而奋斗的人》作者）

都说世界各地的人来到美利坚的这片土地是为了追求一个美国梦，可真正的"美国梦"到底是什么？我在美国读了两年研究生，但即便在拿到硕士学位的那一天，我都依然觉得自己与美国梦之间的距离，就好比现实与理想之间那般遥远。第一次真切地感触到美国梦的存在，是在我毕业后开始正式工作之时。

我在位于美国中部的一家非盈利性儿童基金会担任临床心理咨询师，负责为客户（儿童、青少年及其家属）提供心理咨询服务。刚入职的那段时间，我每天都与我那高压下紧绷着的神经纠结相处着，导致我紧张的原因很简单：我是全机构唯一一个外国人，我的老板、同事和客户，全部都是纯种的美国人。在这之前，我和美国人的接触其实并不是很多。以前在国内读书的时候，身边全是黑头发黑眼睛讲着母语的中国人，偶尔在路上见到一个老外都会觉得很新奇。就连在美国读研究生的时候，我都会整天故意和中国学生混在一起，好为自己寻求一丝稀薄的归属感。现在来到一个新环境里，除了对工作不熟悉之外，我还要去应对语言沟通障碍、文化适应障碍等种种让人头疼的问题。因为我在机构里实在太特殊了，有那么一段时间，我走着坐着都害怕别人看我，会议上轮流发言时我会因为怕说话犯错而久久沉默，外出见客户时也会因为自卑而把约见时间一推再推。我又懊恼，又着急，却迟迟不知该怎么办。为了让自己的心里舒服点儿，我告诉自己：我是这里的外国人，混在别人的地盘上那么不容易，所以做事不如别人是理所应当的，可以理解，可以理解……不幸的是，我越这么想，越觉得做事做不到心里去。没过多久，我的工作业绩便落到了全队的最后……

后来，我觉得自己要得心病了，便跑去找主管长谈。我说，因为我是外国人，所以我总觉得自己处处不如别人，所谓的"美国梦"可能会永远只在远处向我投来幸灾乐祸的一笑吧？当主管听到我的顾虑时，她惊奇地睁大眼睛对我说："千万不要因为你是外国人就觉得自己特殊，更不要因为是外国人就自动低人一等。在这个国家，每个人都是百分之百平等的。有能力肯奋斗的人会被人尊敬，懒惰或违法之徒会遭人唾弃。只要你愿意努力朝着自己的梦想前进，那么每个人都会有平等的获得成功的机会。辛勤的人一定会得到与其付出成正比的回报。在这里，幸福与成功只与你这个人本身有关，而和你的肤色、相貌、国籍、宗教信仰等没有任何关系。这就是我们一直说的'美国梦'。在这个国家，幸福不会白白送给你，但每个人都有平等的追求幸福的权利。"

主管的一席话带给了我巨大的内心震颤，击碎了浑身上下那些让我裹足不前的懦弱和幼稚。我，其实和街上匆匆疾行的那些法国人、俄国人、韩国人是一样一样的，怀揣着实现个人梦想的抱负来到这片土地上。像夏烈教授文中所说的那样，美国人信奉的是个人奋斗主义，只要足够努力和勤奋，每个人都有同等的取得成功的机会。明白了这个道理后，我在工作时便多了一份踏实，少了一份焦虑。直到有一天，主管告诉我我的业绩排在了全队第一时，我才终于意识到，"美国梦"其实离我并不那么遥远。回首过往路上深一脚浅一脚前行的步伐时，我真心觉得为了实现梦想而付出的一切都是值得的。

第 8 讲

向社会大学高材生
多多学习

我们要接受12年的正式学校教育，再加大学四年共16年。入社会工作至65岁有43年的社会大学教育。换言之，社会大学是正式学校的2.7倍。这衔接的两种教育实际上展伸至我们挂点那天为止。如今各位高中生的平均寿命大约将是90岁。所以社会大学有68（90—22）年的时间，也就是正式学校教育的4.3倍长！

许多年前，当我年轻时，我母亲对我说："你的优越感太重，而且太现实。"我没有回答，没有多少感觉，因为彼时生活环境太单纯，就是那种想法和做法。以后我服预官役，在野战部队的步兵连带兵，到美国打工赚钱以入研究所，参加"非右翼学生运动"而不能回台湾，在美国工作时领导亚裔员工进行逆势的种族运动……日子不再是那么单纯。这中间学了许多，也领会了许多，对菁英的观念及定义有不少的改变及体会。我想我年轻时的优越感是因为大一开始阅读尼采所致。实际上我被朋友们认为是个理性、公正、有社会责任感、乐于助人、温暖的人。

社会大学的高材生中颇有一些没有正式大学学位，如王永庆、蒋经国、林海音、郭台铭、海明威……这些实力人士以他们的魄力、智慧、眼光、胆量、周旋能力以及热忱，走上领导的位子，而我们这些名校毕业生、硕士、博士、博士后心服口服地接受他们的领导，没有人会说："哼！他们连个基本的大学学位都没有，凭什么领导我们！"

别轻视无学位的高材生

我要强调：

★ 不要轻视没有正式学位、社会大学的高材生。

★ 重视尔后长达数十年的社会大学教育，不能停留在"我是名牌大学毕业生"的迷思及自我陶醉里。

★ 中外统计均显示名校出身及学历越高，终生成就也越高。但学校教育如不能如愿，或不能完成，不要气馁，勿要自卑，不要自我矮化，机会永远存在，学校教育不是唯一机会。

★ 有些高中生基本素质相当高，因为某种因素不能进入好的大学。这原因最重要的就是家中经济不好或处乡镇环境，所以不像大城市学生一样尽向名校挤。他们的长处要在以后的社会大学里发挥。以我熟悉的工程界为例，当时社会普遍贫穷，有些初中毕业考上台北建国中学，竟因家庭经济或环境因素去念当年台北工专（如今台北科技大学）的五年制，如此可以早两年出学校入社会赚钱，而该校声誉好，保证能在工程界找到好工作。如今这些台北工专五年制的毕业生成为台湾的企业大亨，工程界骨干，或在美国得到博士学位任教职，也有些后来补修学分，取得学位。

★社会大学不只是在国内，也在国外，在城市，也在乡村，在民间，也在军中，在学校教育同时，更在学校教育结束之后。尤其重点高中的学生，更应保持你的好奇心，在学校象牙塔学习之时，也要探头入社会经验一番，观察观察艋舺如何，农村如何，军中如何，穷人如何，富人又如何……

社会大学里有大学问

社会大学的学习比正规学校教育要复杂许多，还包括如何与人斗争，怎样去卡人家，学校教育简单，没有这一条。另外人际关系：如何送礼，送多少？如何赞美得体，不会拿肉麻当有趣？如何抱大腿，又不会抱错了一条大腿？有些话能说，又有哪些话不能说……诸此种种，十六年学校教育不会教导，社会上全遇到了。

为什么有人在社会大学学到很多，造成了他们尔后的成就？有些人学得少，甚至很少，连正规十六年教育的成果都被稀释淡化，最后成为低于中线的人？我认为最大的原因是学得不够努力（甚至懒惰，放弃），以及判断力不足。前者不需多言，而判断力究竟是天生，还是后来学习摸索出来？又各是多少？如是后天摸索不够，为何不够？

这中间有一个原因是交友，如果交的是益友，他或她会指你一条明路，告诉你以你的资质、能力、处境、背景、兴趣走哪一条路最正确，最快捷方式。如你交的不是益友，即使不是损友，但也无所助。他看不出什么，大家只能乐乐，上个馆子、摸摸中发白。

我们常说某人一句话省掉你十年的奋斗，这就是点出一条明路。这条明路顺理应是功名利禄，但也可能是为社会人群服务。换而言之，凡是与他人有关的才算，只是制造个人快乐，而与社会人群无关，不能相比的不算，看得到的才算。如此说似乎唯物的观点很重，但不要忘记，人的成功、国家的壮大、文明的进步，就是以物质作衡量的。公元前146年，罗马人灭了希腊，建立了比亚历山大大帝更大的罗马帝国，原因就是罗马人重实际、重物质。1894年，建国才118年的美国成为世界上生产力最大的国家，进阶为人类史上最强大富裕的国家，也是因为重物质所至。我说这些显然是纯功利，但是也没错。你想一想，问问你父亲，你祖父同不同意我的说法。

最后，我要说，如何在物质金钱及服务（比如志工）上回馈社会，是青年学子不太可能去注意及学习到的，因为你们还在奋斗学习阶段，积聚不够，没有能力回馈社会，所以也想不到，但是你要把这件事摆放在心上。我住在美国许多年，融入那个社会，看到美国人是如此，我们中国人被认为是有情有义的人，更应如此。

回 响

真正的大学是社会

王旭明（语文出版社社长，教育部前新闻发言人）

人类本无大学，但却一直前进着。自从有了大学以后，人类前进的步伐更快了、更准了，也更有效了。

但因此也带来不少负面作用和影响，大学教育带给人类负面影响之一就是过度消费学历以及各种学衔，如学士、硕士、博士等，甚至许多人荒唐地认为只有进了大学才能成才、才会有作为，只有读过大学成了硕士、博士才能成功、才有意义。夏先生的文章娓娓道来，真诚平实，为我们拨乱反正提供了思考。

接受大学教育固然好，没有接受大学教育绝不是就不好，尤其是许多没有接受大学教育的人走向社会并滚爬摸打了一段时间之后，所给予人们的劝告和发自肺腑的许多感受都是大学所学不来的。所以，从这个意义上说，真正的大学是社会，真正的老师也是在社会上行走了一段路的人们。在生活和工作中，让我们听听他们的话语，看看他们的足迹，感悟下他们内心的世界以及分析一下他们别样的人生，也许会给你一种全新的生命体验和不一样的启迪，不妨走进他们，尊重他们，并聆听他们。

学会在社会大学游泳才能真正活下来

桂杰（《中国青年报》资深记者，诗人）

我有一个80后的朋友，姓唐，年纪轻轻，已经是一个公司的董事长，做网络以及平面广告代理，下面有三家子公司，在行业里有一定的知名度。有一次我去看他，问他大学毕业几年开始创业的。他的回答让我吃惊，他说："我大学肄业。"原来22岁那年，父母给了他三十万块钱，让他找个学校出国留学，他从学校出来，刚好有个机会可以去创业，于是放弃了读书，全力以赴去创业。"如同赌了一把，最后赢了。"他说。

他告诉我这样一个观点，"我22岁出来在社会上混，如果创业不成功，我二十六七岁重新回到大学读书，或者出国学习都没有问题，但如果我二十六七岁硕士毕业或者博士毕业，再出来创业，或许就失去了当时的机遇，而读书太多之后或许就失去了这股闯劲儿！"

我愕然，随即点头称是。

夏先生在这篇文章中善意提醒列位不要轻视社会大学，尤其是没有学位而在社会大学毕业的高材生，他们有的是才干！而那些只有高等学府毕业证，而没有在社会大学游过泳的人，其实还没有真正找到生存之道。

夏先生说得真好："社会大学的学习比正规学校教育要复杂许多，还包括如何与人斗争，怎样去卡人家，学校教育简单，没有这一条。"社会大学学的是生存的技巧，学的是人情世故，学的是做人做事之道，这些东西与书本无关，更与课堂上教授的东西不完全对等。

"大学毕业能干些什么？""在办公室会端茶倒水就不错了！"话难听，但是这个理儿。

有很多孩子，因为读书不好，不会写作业遭受父母逼迫，甚至厌学、自杀，其实遇到这种情况，父母一定要学会放宽心。与其一门心思盯着大学的门槛，不如把孩子丢到社会大学中去，"你不会读书，不喜欢读书，那就去工作，去创业，到社会上摸爬滚打吧！"如果，所有的父母都重视社会大学，就等于多给孩子指明了出路，有学历的，没学历的，都必须到社会大学中学会游泳，如此，才能真正活下来，幸福自我地活下来。

第9讲

看重自己
才是高人格

人格是"人品"及"格调"

人格教育是一种君子对小人的养成教育。人要先看得起自己，别人才会看得起你。"人格"不同于性格，"性格"与心理学及生理学上人的性情有关，没有高低之分。而人格简言之就是"人品"及"格调"，有虽不成文但公认的标准，绝对有高低之分。"人格教育"不是"个人"的修养或求进功夫，而是与"他人"及"社会"的相处之道。我们看重某一个人或某一个同学常是因为他的"人格"，而不是他的成绩、家境或外形。

"人格教育"不但学生需要它，许多老师及教育主管（比如大学的系主任、院长）也需要。因为他们学位高人格并不一定高。社会亦是如此，有些人官位大、学问大、财产大，人格却很小。

人格教育的养成

许多人以为教育主管最能培养学生的人格，我看未必。尤其没有技巧、生硬的、味同嚼蜡的八股教育，反而令叛逆期的高中生抗拒及生厌。大多数情形下，同学之间的切磋比师长父母的教诲更有效。同侪的压力在中学阶段比大学及小学重要。因为小学生年龄太小，只能盲从；大学同学来自各方，不再交心；中学时大家每天在一起，自觉性高，把同伴的肯定看得重要，这也是我写这篇文章的目的。我要你们这些每日相处的高中生彼此讨论一下，何种标准该用来肯定一个同学的行为——也就是他的人格。

近百年来，科学变化一日千里，然而人性却是数千年来无大改变。《论语》或《孟子》里那些对人性的阐述沿用至今，也差不到哪里去。以下写出我个人认为重要的人格指标供各位参考、讨论或反对。

我的夏九项

许多守则及标语口号多是十项，那是为了凑个整数，同时人有十指，数起来方便。我只列九项，为的是要与众不同，各位容易有较深的印象。

★ 做人正直：正直和诚实是孪生兄弟，它们是西方社会和日本社会里做人的基本准则。正直就是公正及耿直，不说谎，守信正直的反义词是狡猾。19世纪末美国国会通过"排华法案"，不准华人再入境定居，已定居者不准取得公民权及购买土地房产。"排华法案"的提案中有言中国人"生性狡猾、习惯肮脏"，这八个字恐怕是许多我国男子的写照。狡猾绝不是一个男子汉的作风。而正直令你顶天立地，问心无愧，自傲、有荣誉感，也令人看重你，所谓"君子不重则不威"(《论语·学而篇》)是也。正直与狡猾就是君子和小人最好的对照。此外，你是不是个喜欢说谎的人？常常说小谎显得格局小，不是男子汉行为，要扯就扯个漫天大谎，因为大家都不相信有人会胆大到扯下如此大谎——"那怎么可能呢？"

★ 有情有义：“讲义气”不是黑道的专利，实际上道上不讲义气的例子多的是。讲义气是男子汉作风，在危难的时候挺身而出，为正义执言，甚至大打出手，头破血流。讲义气的人永远被人尊重，哪怕他只是贩夫走卒。反而学问高、条子多、官位大的人常是怕事而不讲义气的人。胆小的人因有所顾忌而不能讲义气。但是自私自利的人是从心底的不讲义气。任何事都是有代价的，为了讲义气可以造成个人某种程度的伤害或牺牲。

“有情”除了重感情，也包括报恩。对别人的协助，我们即使不能回报，也要诚挚地表达谢意，令对方有不虚此行、助人为乐的感觉。这种非物质回报的礼数很重要，它表达了你的居心。

★ 不出卖朋友：出卖朋友这种行为常在暗中进行，一经发现就会被人唾弃。一般说来，年轻人鲜有出卖朋友的事，一进入社会就会发生，你走着瞧吧！然而朋友做了不道德的事，你却要斟酌是否该举发或惩罚他，否则就是姑息。姑息能导致养奸。

★ 不投机不捡便宜：在商场上，投机及捡便宜是正当行为。但是在做人上，有便宜就捡的人令人看起来没有格调，这也可能是因为别人没捡到，觉得不公平使然。有好处就抢、有缝就钻也是没格调，令人讨厌。由投机我再谈到冒险这件事，要投机就搞个大投机，要冒险就冒个大险收获才大，才令人心服。尤其在结婚生子之前、无后顾之忧时，更不要错过冒大险的机会。我们不要把目标摆在赚小钱、出小名、做小事上，要有大格局。

★百善孝为先：你的父母目前是健壮的中年人，下一步就是进入老年。老年人容易被人占便宜、欺负、嫌恶。老人没有生产力，外貌越变越丑，言语行动都不讨人喜欢，甚至病痛缠身，变成家人的累赘。然而他们仍是我们的父母，儿不嫌母丑、狗不厌家贫，人要不忘本，做一个有情有义的人，做一个有良心的人，要报大恩——大仇也该报，不能随便饶了对方，要在有机会的时候惩罚他，这才公平。当然这里指的是因对方利己或预谋而产生的大仇，并非无心错误产生的。"文革"时实行阶级斗争，必要时鼓励与父母或妻子划清界限，甚至斗争父母或妻子，这个真是要不得，要不得。只有一种父亲不值得子女去尽孝道，那就是对女儿有性侵害的男人。人和禽兽不同的就是人类不准许近亲繁殖，所以人比其他哺乳动物更长寿、更进化、更高等。乱伦的男子是禽兽，应该从人类中剔除，所以，不值得子女去尽孝道。

我在这里提出一个问题：如果父母触犯法条（灭绝人性的行为如强奸、变态杀人除外），孩子该大义灭亲去检举？不闻不问？还是协助父母逃亡（如此做孩子也犯了协助逃亡之罪）？我个人是会不惜触法来协助父母，你呢？我要你看看《孟子·尽心篇》第三十五章有关瞽瞍杀人之事，以及《论语·子路篇》第十八章。如果你对日本文学有些兴趣，我也想知道你对深泽七郎所著《楢山节考》的看法。

在常情下你不可去打击你的血亲，永远不能在这件事上站错了边。检举亲人或与外人站在一边打自己人，这种事绝对违反常理及人性，这种事做了就会跟着你一辈子，不得心安，直到入棺材那天为止。

★乘人之危及趁火打劫：这两项是人格低下、令人不齿的行为。也就是在别人有危难时去捡便宜。在实际的生活里，火场里拿财物可以被警察任意射杀。

★尊重及协助女性：女性自古以来就是体能上的弱势者，不要忘记：我们的母亲、姊妹及女儿也是女性。西方人所谓的"骑士精神"，就是自中古时期沿袭下来的一种尊重及照顾女性的作风。台湾的所谓"大男人主义"，在西方人看起来其实是一种占女人便宜的"小女子行径"——把一切困难推给女人，男人捡所有的好处，还要女人来服侍。这是西方人所不齿的欺弱行为，也是西方人普遍瞧不起东方男人的原因之一。我们要服侍女性，而不是要女性来服侍我们，我们要学习西方男人的骑士精神。在这里我又要说一点，因为女性在体能上是弱势族群，为了生存，她们的人格教育和男性会有所不同，两者不能适用同等的标准及规格。比如男性要对女性的奉承他人及扯个小谎之类的事容忍。请了解，奉承他人对男性来说是"拍马屁"，对女性来说是取得"和谐"的方式，你看有多大的不同。

与女孩交往，"诚实"是一项美德，如果对方配不上你或你无意定交，你该在进入恋爱之前就让对方知道你的意图，以免她因不知情，以后对她造成心灵上的伤害——诚实也是一种"骑士精神"。

★整洁：这个乍看起来似乎与人格教育扯不上关系。其实整洁反映出纪律感、公德心和荣誉感。整洁与贫穷成反比。美、日、德、西欧等国是世界上最富强的国家，也是最整洁的国家。爱好整洁代表了勤劳、好面子及有荣誉感，那非强盛不可。美国的高中以贫民区、黑人区及拉丁裔区最脏。有些大城市都会区的校园挤，如何保持整洁是个大问题。但是如果入校园如入鲍鱼之肆，学业成绩再好而整洁在水平之下，那也会令外人失望，甚至看不起，认为这个学校的学生没有荣誉感及公德心。

★ 破坏公物：这虽是成长中男孩一种常见的行为，算不上什么坏心眼，但是得克制，因为它本身并无意义。公物没有反抗能力，所以破坏它不具挑战性及冒险性。我们要做有挑战性及冒险性的动作才算数。破坏公物是缺乏公德心，甚至可能是一种精神异常的现象。

我要再回到儒家的教诲，《孟子·滕文公篇》有云："富贵不能淫，贫贱不能移，威武不能屈；此之谓大丈夫！"富贵不能淫比较容易做到；贫贱不能移相当不容易——饿饭的时候你才知道，然而"君子固穷，小人穷斯滥矣！"（《论语·卫灵公篇》）；威武不能屈则是非常困难，只有少数人才做得到，有时也要衡量是否一定要有那种视死如归的精神。

有人认为"容忍"及"宽恕"也是人格教育的一部分，我则认为这两项属个人修养，不见得代表公正。尤其在法制成熟的社会，一切依法行事，容忍及宽恕更不见得有必要或正确。

你可看出我代表的是传统的价值观，然而人性不可能有大变化，传统价值还是会长存下去。我说得够多了，让我听听你的意见吧！

回响

夏九项都正确吗？

王正中

（美国加州大学医学院教授，台湾"中央研究院"院士）

对所列的夏九项，个人有不同看法及补充意见：

人格教育不是教导大家如何去做一个"伟人"。中国历史中最大的祸害，就是有太多的"伟人"或是"想做伟人的人"。年轻人最需要学的，是如何做一个"午夜梦回，扪心无愧"的人。一个基本的出发点是不要因为满足一己私欲（性欲也好，金钱欲也好，权力欲也好）而伤害到别人。父母、妻子、儿女、亲戚、朋友固然不可以伤害，跟自己不认识的，没有关系的人也不可以伤害。更进一步来说，在我们生活环境中的一草一木，我们也需要有适当的尊重。这一点就触及到公德心。一个人必须慎独，不要因为是别人看不见的坏事就下手去做。反思不慎独，没有公德心的，人品格调不会高。

从公德心提升到一个较高的层次，就是要有丰富的同情心，即"老吾老以及人之老，幼吾幼以及人之幼"。根据这一古训，我对夏九项中的"不出卖朋友"与"百善孝为先"有不同的意见。如果一个人能够理直气壮地去袒护自己犯了大罪的好朋友或父母，显然是对于别人的朋友或父母毫无恻隐之心。一个孝子如果对别人的父母毫无尊敬之意，他算一个什么样的孝子？

最后笔者对于"要扯就扯个漫天大谎"以及"要投机就搞大投机"深深地表示不能苟同。一个成功的犯罪或不道德的行为，绝不能让它合法化或道德化。这是同学们必须牢记在心，也是一个人的人格的最低的需求。慎之，慎之。

领导、关怀、怜恤、合作

李建中

（台湾世曦工程公司董事长，台湾"中央大学"工学院前院长）

记得我念高中的时候，每班总有几个先天下而忧的同学，在植物园里勾勒自己对国家社会的看法，期许有朝一日能领导这个社会。越是这样的同学，越应该懂得关怀及怜恤，懂得照顾提携不如自己的人。有能力的人很容易自以为是，也很容易孤芳自赏。但是这个社会竞争愈来愈激烈，一己之力永远有限度，所以优秀的人也要懂得与人合作，相辅相成。上面提到的或可和夏九项相互辉映，希望对于高中生的人格形成有些助益。

第10讲

你要
又会读书又会玩

　　生活是什么？生命是什么？积极上进的学生会认为生活就是干活，生活就是拼命，甚至认为生命就是念书，生活就是准备考大学。读完学位以后的延续就是工作——读书时是读书狂，工作时是工作狂，这一生在拼命中度过。

　　然而生活与生命中还有许多其他的质量，美国《独立宣言》一开始就说道："……'追求幸福快乐'是上苍赋予人民不可被夺取的权利……"追求快乐当然是生命中很重要的一部分，否则为何而活？生命的意义可以是追求学术上的成就，可以是赚大把银子，可以是开大公司，可以是出了大名，可以是夺取控制权，可以是服务人群社会（助人为快乐之本），也可以是生平无大志，稳妥而快乐地度过这一生。世事没有绝对的对或错，也没有绝对的价值，就看一个人的价值观及个性是什么了。

在高中培养多元化的生活

培养多方面的才能及兴趣可以给你的未来多方面的选择。一个人以后的发展，和他在青少年时期的学习及生活经验有很深的关系。因为青少年时期学习力强，对这个世界了解得不多，他又好奇，可塑性也高。到了中年，再培养什么就困难了，只能打打麻将，所以打铁得趁热啊！

我列下能想到的高中生的多元化生活。

❂ 读课外书：读书的目的是增长知识、陶冶性情、培养气质，也可以用以作为表现自己的工具，也就是炫耀及装点门面的工具。这些课外书以后可能比教科书更有益处。因为你知道的越多，别人越喜欢你、敬重你。说得更现实一点，女孩子永远崇拜比自己懂得多的男孩子。

❂ 接触不同的人：了解他们的生活及想法，不要以学术贵族自居而孤立自己。去和一个街头小贩、一个理发师、一个做馒头的老芋仔、一个警察甚至一个乡下农人聊聊。你会发现不同的人带给你多少欢乐及新奇。一般说来，在企业上窜上去的人常是从小就有兴趣接触多方面的人，否则他怎么抓住每一个环节？而现在政坛上的人更是千方百计要做多方面接触，包括了解嚼槟榔的乐趣。如果你从小就有野心成为一个领袖人物，就要培养接触不同的人的乐趣。

❂ 运动：运动不但不会使人疲劳，反而增进读书的效率。运动会令身体产生安多芬（endorphins），是一种类似吗啡的分泌物，也能令你忘忧。

❂ 结交异性朋友：入了高中该开始约会了，你要充分利用你优越的条件。两性的交往带给你喜悦，也可以带给你痛苦，任何事都是有代价的；然而你要及早了解异性，以后你的交友及婚姻胜算也越高。你要在交往中领会到男女有别，所持的价值观及人生观各异；你要摸索出到底女孩子看重男孩子的是什么，而你又如何在那些方面加强自己。相反亦然，女孩子同理。不要忘记"英雄难过美人关"这句话，一个人学问、功业、事业、战绩再大，也难过情关；所以女孩子对男学生来说绝对重要，能娶到个好妻子对你更是大有帮助。

❀ 欣赏电影、音乐、艺术等：和文学一样，你在这些感性的领域中改写你的气质。在日常生活里人们看重一个好气质的人，远比看重有钱、有学问、有能力、有道德或有官位的人更多。

❀ 参加校外活动及旅行：校外活动使你有机会接触到不同的人，了解非同质者的思维及运作方式。你不要害羞，要尽量找时间及机会参加校外活动，尤其是暑期的青少年活动更应及早申请。旅行使你看到不同的人及景，人应该永远发掘不同。

多元化生活为你带来什么？

即使站在功利的立场，我也可以举出一些多元化生活的好处及考虑：

首先，读书本身是一种乐趣，但做任何一件事重复太多都会令人烦躁或疲劳。所谓"面壁十年"或"十年寒窗"那是修行的功夫，绝不是有效的读书方法。改变一下生活方式，使得生活有变化，可以增进读书的效率及吸收率；我们听人说过"改变姿势就是一种休息"，也是同样的道理，而运动大汗过后一场淋浴更能增进读书效率。

我们听过又会读书又会玩的学生，为什么他们有这个本领？我要各位想一想。常听说某人专业知识不错，但是反应迟钝、言语乏味，进而面目可憎，你怕不怕自己以后变成这种人？有些人因为从小就没有培养多方面乐趣，辛苦工作一辈子，他的工作就是他的生命；退休后生活失去重心，不久就死亡了。

追求幸福快乐是生活中很重要的，就像爱情也是生命中重要的一部分。即使是天性拼命的人，也要享受这些来调剂身心，以作更多的拼命。

我的经验

我在青少年时期过着多元化的生活，自认为受益不少。说了这么多，我与你不是一个年代的人，所以现在我要告诉我你的看法。你认为还有哪几项生活你可以补充？你认为多元化生活与读书的比例应如何分配？八十比二十还是五十比五十，还是每个年级不同？刚一进大门时大玩特玩，到了高二下才开始拼命？你告诉我。

回 响

玩，不耽误学习！

金艳（人大附中朝阳学校教师）

戴着酒瓶底一般厚的近视眼镜，终日埋头于密密麻麻的题海，身体几乎就要被桌面上摞得高如城墙的课本和练习册淹没……这是在中考、高考的巨大压力下，很多学生的真实写照。其实，哪有学生愿意成为读书机器呢？谁愿意因缺乏睡眠而目光呆滞，因极少运动而肥胖臃肿呢？谁不想自己阳光健美、能说会道、上得舞台、入得考场？只是，都担心，玩，会耽误学习，影响成绩。

可是，我们又总是发现，很多时候，好学生"一好百好"，你看每年国家的奥林匹克竞赛，获得金牌并入选国家集训队的学生，有几个是"书呆子"？他们要么在学校运动会上也摘金牌，要么写得一手好书法，没准过几天，你又在"中国好声音"的舞台上看见他。有时候你真的想问，他的时间都是哪来的？怎么就又会读书又会玩呢？

我们学校除了高考文理科状元外，每年在各项竞赛中获奖的学生也非常多，像Intel国际科学与工程大赛、中国高中生商业计划大赛等等，尤其是学校的桥牌队可以说是风云之队，在2009年全国高中生赛中包揽初中组冠亚军，2010年全国高中生赛高中组团体冠军、初中组团体第三名，2011年有6名同学入选国家青年队。我这些年的教学经验发现，这些不仅学习成绩出类拔萃，而且文体艺术方面也可圈可点的学生，都有一个共同特点：有旺盛的求知欲，有自主学习的能力，还有坚持到底的毅力。他们能为自己热爱的东西，吃苦耐劳，不懈奋斗的精气神其实是最重要的。所以，他们学的时候勤奋刻苦心无旁骛，玩的时候尽情尽兴挥洒自如。而玩，一方面锻炼了身体，学到了新的技能，另一方面又活跃了大脑，开拓了思维。最终形成了良性循环。

夏教授在文末让大家好好想想，多元化生活与读书的比例应如何分配？八十比二十还是五十比五十，还是每个年级不同？其实我觉得，如何分配倒是其次的，当务之急是培养自己的求知欲、自主学习能力以及坚持到底的毅力。否则，你就会变成那个学也没学好，玩也没玩好的"小苦瓜"。

尽情尽兴就好

吴佳辉（台湾建国中学高三学生）

最近我才体会到生活的价值及方法。生活是妥善地安排每一秒钟，像我，偶尔看看书、听听音乐，思考人与人之间互动的巧妙及反省今天的作为，或是倒一杯牛奶，坐在书桌前，用一本书、一首诗、一张白纸，让自己专注。

在高中，为考试而念书不应该再被视为是生活的主要内容，让读书顺畅地纳入生活中，两者合二为一。所以，适当地安排自己的时间，适度地调整自己的心情，养成从容的态度及愉悦的生活步调，是拥有高品质生活的要件。

　　高中时代，不需故作老成，更不要限制自己的发展方向，否则，生活会变得很有压力。多元的接触、多方地思考、尽情地扮演心情当下的自己，快乐的生活并不困难。想哭就大哭，想笑就大笑，不需要带上面具隐藏自己。把握每一个"当下"，共勉之。

第11讲

记得，
菁英不一定是功课好

　　"菁英"一词在英文是Elite，Aristro，Suprerior，Selected或Gifted，也就是各行各业出类拔萃的人物。菁英教育并非特异功能，也非尼采所标榜的超人（Übermensch 或 Superman）的养成，更非制造与大众群体隔离的贵族。因为它不只是知识教育（Instruction），也是人格教育（Education）。它的目的不应是耗用大众贡献的资源，比如我们纳的税，去为少数被甄选者塑造金身。想想看，谁要贡献出自己宝贵的资源去为那几个人抬轿子？菁英教育当然是一种教育上的投资。投资的目的就是要制造高等人才，以期日后对社会作出大贡献。这贡献可能是唯物的，比如制造更好的生存环境，更多的财富，更新的发明，更先进的武器；也可以是唯心的，比如创造更高层次的文学，艺术，音乐，电影产品，更深奥的社会科学理论或模式。

　　基本上，菁英教育是一种社会上商业的投资，不是宗教性的塑身。

菁英教育符合社会利益

教育的目的是变化气质，使一个人变得有教养，有气质。而教育的目的也是"藏富于民"。尤其在高科技领域里，必须要有优良复杂的高等教育，才能胜任新产品的开发。有位韩国的大企业首脑曾说："一个优秀人才的创见发现，可以制造十几万，甚至数十万个工作机会。"当然，那不是开发出更好的台灯或皮鞋。因为台灯或皮鞋不需高等菁英去开发，所获利润也有限。请看，一架小小的歼十五战机或F-16D战机开价动辄十数亿台币，我们要卖到欧美多少双皮鞋，多少座台灯，才能抵消一架十数亿（甚至数十亿）的战机？然而这种战机的研发设计一定要菁英教育下造就出的人才来完成。因为它牵涉到复杂的高等工程数学，半导体芯片，连体力学及材料原素等等。我当年成大工学院的几位同学，后来就是以高薪从事战机及飞弹的设计研发。同样，近三十年来为台湾带来巨大财富的新竹科学园区，也以"台成清交"（台湾四大名校：台湾大学、成功大学、清华大学、交通大学）的菁英领军。后来出现的位于台南市的南部科学园区亦是如此。可预期的，下一波的生物工程亦将是"台成清交"的菁英去开拓。

世界各国均重视菁英教育，由中学即开始。只有非洲及中南美一些"莫名其妙"的国家不重视菁英，甚至以菁英为敌，如此才易于实行愚民政策。

谁是菁英?

谁是菁英？是丁肇中，李远哲，或杨振宁？是林海音，白先勇，或莫言？还是王永庆，郭台铭，或马英九？菁英可以是以下四种之一：学术上的菁英，企业的菁英，创造力高强的文化艺术菁英，也可以是领导的菁英。不一定高官都是领导菁英，我曾为文论及官员有人才、平才、奴才、庸才及蠢才五种。

目前各学校（包括大中小学）多界定菁英为学术菁英，目标是进入名牌大学。学术菁英当然是靠学校教育；然而人文艺术的菁英是创造力及文化气质的归结，也就是个人天分所造成的，学校教育只处于烘焙地位，甚至没有帮助。比如我曾说过，文学理论对于文学创作没有多少帮助。绘画、雕刻、作曲亦是如此。而企业菁英及领导菁英的塑造多由社会教育完成，也就是这些人在社会中摸索，在十里洋场上打滚，在人群中磨擦冲撞，最后再加上运气，成为企业或领导菁英。一般说来，学校及家庭教育不刻意制造企业及政治上的领导人物。而社会教育应归类为自我教育，没有固定的导师及教育制度。

谈到菁英的社会责任，不一定每位菁英都要有回报社会栽培之心。因为回报可能在不知不觉中浮现，可能永远无法兑现，可能有些菁英只能顾及自身发展，无能力也无兴趣兼顾社会责任。而且各位现在只是十几岁的高中生，处于快速学习发展阶段，无暇顾及社会责任，也不可能知道如何去做。我在这里只是提醒一声，希望你有此印象，以后你有成就，会想到我所说的回报社会一事。聪慧才高的人有义务为一般人付出协助及贡献，但这付出应限于栽培自己的国家民族。

希腊与尼采

西方文化的两大根源是希腊精神及圣经。希腊精神在两千多年前形成，重视人的教养（Arête），追求卓越（Excellency）及秩序（Order）三项。教养不但包括人在仪态、行为及语言方面所表现的气质风度，也包括人在人文、艺术及科技方面的素养。卓越是发挥个人的天赋。人有追求卓越的权利，但不能因此而行为自私或逾界，所以公德心及守秩序均极重要。希腊精神这三大要素是菁英教育在人格方面重要的一部分。另一部分是培养领袖气质。

"有教无类"其实并不是平头教育，只是说每一个人都有权利被教导。但菁英分子要施以隔离教育，因芸芸众生跟不上他，所以有类似数学分班这种方案。有特殊才能的学生，更要细心培养，以期超越。尼采（Friedrich Wilhelm Nietzsche，1844～1900）的超人是人类下一步的进化——由禽兽进化到人类，再进化到超人。超人的产生是优秀男女优生学上的配种，出生后再施以细心的教养及抚育，期其成为勇敢、果决、高傲、保持己身纯正贵族血统，不与平民相混的菁英。然而尼采的超人是完完全全的自我，甚至自订法律及道德标准，不受世间规范道德之约束。这和我们谈到的菁英完全不能划等号。

菁英的培养

教育可大分为家庭教育、社会教育及学校教育三种。

家庭教育对菁英的培养常会制造子女之间不公平的感觉。为什么好的多给那个功课最好的儿子？这种例子在小说、电影及口耳相传中屡见不鲜。

社会教育对菁英的培养，要菁英自己去发掘及求取。

学校教育以考试制度来决定菁英——激烈的竞争和艰苦的训练，残酷的百分比及淘汰率是菁英产生的另一特质。被摒弃于千仞黄宫之外的，也有机会获得次级的学校教育，再加上社会及家庭教育（多不是学术教育），最后教导为出色的商人、画家、作家、政坛领袖……所以机会一直存在，并非一考定终生。郭台铭（士林的中国海专毕业）、王永庆（新店国小毕业）是企业菁英，麾下许多"台成清交"的学术菁英。毛泽东、邓小平、蒋经国全无大学历练，却为世界经济军事第二大体的中国大陆及台湾经济起飞奠定深厚的基础。

以台湾为例，"教育部"第一期五年五百亿已于前年结束，第二个去年登场。这就是为了培养菁英，所以"南成大，北台大"俨然成形。此二校就分掉几乎一半，如果再加上清交二校，近70%已被瓜分，其他全台170多所大学分剩下的30%。你说公平吗？我认为公平！不能通通有奖，那就等于通通没奖。我就是近年五年五百亿"菁英条款"下被高薪聘任。你说，我能不来谈谈菁英教育吗？我拿一般教授两倍的薪水，能只是教教书吗？五百亿！就是为了实施大学的菁英教育，即使后来没有一所挤进世界前百大，也达到菁英教育的目的，让几所前锋大学有更多的款项制造菁英，以为社会谋取更大的利益。

教育上的投资一定能回收！

然而有些论者批评五年五百亿以理工为主，忽视人文社会，这确是事实。我个人是在大学讲授外国文学与电影的课程，兴趣也是在人文及社会科学，不在理工医，但认为这种重理工的分配合理。因为我们尚非位处一个高度开发的区块，20世纪80年代经济起飞至今不过三十多年。一般说来，现代化要七十到一百年的时间。在国家社会建设时期，重理工乃当务之需。美国1776年独立，日本1868年明治维新，独立及维新后数十年只重视物质建设，不重视人文发展。实际上，由大方向看，人类文明的发展也是以科技为主，人文及社会科学处于辅助地位。

然而，我要强调，高中对菁英的培养最好是全面的，不是只偏理工医，也是人文精神，科学素养以及个性气质的培养；学术菁英不应是文化的侏儒及生活的弱势者。

有些人顾虑菁英教育往后会不会被一般性的学区制取代？我的回答是不可能。为政者如果如此短视，枉顾社会未来利益（文首我强调菁英教育就是社会上的商业投资），那算是什么政府？社会舆论，有识之士，工商企业会放过他们吗？我们是主人，他们是公仆。

结语

只有一句话，菁英教育的产品（即是人才），增加了社会的财富，推动了国家的壮大以及人类文明的进步。

回 响

如何发掘菁英？

黄煌辉（台湾成功大学校长）

菁英的发掘与培养乃是造就社会菁英过程中最重要的一环，大家都曾听过一句笑话："小时候欠栽培，要不然就……"可见许多可能是社会的菁英分子会被埋没掉。菁英可能在家庭中、学校受教或社会服务接触中被发现，却不可能是自己发现的。因为各种不同类型的菁英，其本能的反应是自然的现象，虽然自己拥有比他人更高的天赋也多不自觉。由于菁英分子拥有高人一等的特殊天赋，因此需要有独特的导师和环境的培养，才能激发其潜能。如果不能给予适当的栽培，最后还是无法成为各领域中的菁英。所以政府主管教育部门、学校，不能只重视学业好的学生，要更用心地发掘和实施完整的培育计划，以全面造就各个领域的菁英。

最后奉劝未来可能是社会菁英的年轻学子，只有选择你自己的兴趣喜好及特长，坚持走下去，才有更大的机会成为社会菁英，而且你的生活也会更有乐趣。

菁英是可以训练出来的

白培霖（时任台塑集团南亚科技副总经理及发言人）

要想成为菁英，高中生应该有什么态度呢？以我个人的经验，第一个要"谦卑"。在学校里，你可能过去有赫赫的光荣事迹，但其实周围的同学中总有能人异士。每天睁开眼睛，要心存敬畏，看到别人的厉害。

给各位的第二个建议是"努力"。这听起来像老生常谈，但大量的畅销书里都提到一个相同的观念：菁英（或者说准菁英）是可以训练出来的。比方说，音乐家，如果练习时间超过三四千小时，可以做个好音乐老师；超过六千小时，可以参加乐团；超过八千小时，可以做首席。但真正要出类拔萃，没有一万多小时的训练加练习是不可能的。莫扎特如是，比尔·盖茨亦复如是。好消息是：菁英是可以训练出来的。坏消息是：成为菁英不容易。结论是：菁英是自己可以决定要做的，就看你的意志力了。

第12讲

做一流学生，
也做一流领袖

一流学生，一流领袖？

有些菁英中学的校友在各行各业都出类拔萃。然而这些中学的教育是否重视领袖人物的培养？甚至中国是否有任何一所中学注意到未来领袖人物的培养？如果优质中学在"德智体群"四育中除了"智"育外，还有余力培养学生的"领袖气质"，那就是国家社会的福祉。因为第一流的学生以他们的聪慧、努力、毅力以及高判断力，可以被塑造为社会上各行各业、各阶层第一流的领袖人物。

社会尊敬领袖

人有各种特色优点，然而社会上最受尊敬的人不是学问好、钞票多或官位高的人。人们尊敬的还是各行各业以及各地方做领袖带头儿的人。这种人常就在你身边，因为他们为别人着想，帮别人的忙，所以受到人们的尊敬，哪怕他只是个货车司机、水电工或没有受过太多教育的家庭主妇。反而有时人学问越高，钞票越多，官位越高，也愈自私自利，愈想保护自己，不敢沾惹大众之事。我要请问各位：人的价值究竟在哪里？各位都在交异性朋友的年龄，以后你会慢慢发现：女孩子最喜欢的不是长得最帅的男孩子，而是最有胆识，最有领导能力的男孩子。

领袖是否天生？我想天性的确是成为领袖的一个重要因素。后天的磨炼及培养可以加深一个人的胆量及见识，但是不能磨灭天性。所以我不可能建议每个人都试图去做领袖。天性不适合做领袖的，不必痛苦地去领导别人，还是享受被领导的福气吧！人要尽量扮演适合自己的角色。孙中山曾说：不要做大官，要做大事。这个做大事也包括做领袖在内。做领袖是一种牺牲，但也是一种快乐，不是痛苦。如果感觉是一种痛苦，那就不是领袖人才，也就不必强迫自己去带头儿了。

经理对事，领袖对人

领袖是什么？首先我们不能把领袖（Leader）和经理（Manager）相混。一个院长、部长、总经理等等只是高级的主管，并不能使他成为一个领袖人物，因为他可能是个利己主义者。

经理人员（或管理阶层）的职责基本上是对事而不是对人；但是领袖负责的是人群。经理有一定的酬给，他要完成上级交付的工作，不是要有创造力（最好没有创造力），不需要冒险，需要的是保守、尽职和服从，不变花样，不动摇基本。

这似乎与官场上某些领导人物的个性不谋而合。这些人官做得大，但是不会有作为。出了大事，这种人有通门之术，可以夹了财物到纽约去作寓公，到东京去开餐馆。越南沦亡时，他们的国家领导带了两百只箱子途经台北去欧美各国。那两百只箱子里装的是什么？

希特勒曾对犹太人及斯拉夫人实行不当及不人道的种族灭绝，也带自己的国家走上毁灭之途。然而德国战败之际，希特勒立刻写下遗嘱，然后自杀："我死时内心充满了欢愉，因为就我所知，我全国军民有极好的表现，我们在前线战士们的英勇，妇女们在家庭中的贡献，农夫和工人们的……都曾联合写下光荣的历史。"日本战败时，他们的领导不是切腹就是被枪决。领袖如斯而行，与日后德日在短期内，国势再度强盛及经济发达有很大的关系。为什么？我要各位想一想。

领袖是在"给予"，而不是在"收取"

领袖人物要有远见，能看出国家、公司、团体组织的前途在哪里，进而制定策略，选择适当的人去执行。他不能自私自利，他永远在"给予"（to give），而不是在"收取"（to take）。危机的时候，领袖人物挺身而出，敢冒险，有胆识，肯牺牲自己。领袖人物不单是带领国家民族：鲁迅建立左翼作家联盟，隔壁三楼徐老爹组织小区人士作抗争活动，甚至带领一个人都可变成领袖。

领袖要有语言沟通能力

领袖人物得具有领袖的气质及派头，这其中极重要的一个因素就是沟通能力。实际上不论领袖或经理人才，他们在本行知识和经验上只需具备20%的能力即可，其他80%是沟通能力。而在沟通方面，文字书写沟通能力只占20%，语言沟通占高达80%。所以语言沟通能力，占作为一个领袖或经理外在条件的64%，也就是三分之二。很不幸，学问好的人常不善言辞，工作勤奋和丰富的专业知识无法抵消不善言辞的缺憾。而随遇而安，自扫门前雪的个性更使他们失去做领袖的资格。

领袖的特质

最后，我把领袖人物的重要特质归纳如下：以人为负责对象，心胸宽，不拘小节，有良好的言语沟通能力，能看出未来应走的方向；永远在"给予"，而不是在"收取"；危机发生时，挺身而出，领袖敢冒险。

回　响

◀))

巾帼何须让须眉

李晗（南开大学在读博士）

没错，我是女生，扎一条马尾，穿一袭长裙，所以当我站上学生会主席竞选讲台时，台下有人大声说："哇，是个女生哪。"是的，虽然在这所大学里男生比例大大超过女生，虽然在学生会主席历届名单里鲜有女生，但那又怎样呢？我已经充分准备好为大家服务，所以，望着台下密密麻麻的人头，和坐在前排与我竞争的那些男生——他们西装革履神情严肃，我一点儿也不紧张，微笑着开始说我的竞选辞，抑扬顿挫里丝毫不隐藏女性的柔媚……台下的掌声和选票的遥遥领先最终证明了大家对我的信任——我当选了！虽然我是个女生！

我从小热心肠，也可以说爱管别人的闲事儿。班上的同学，不论男生女生有什么需要帮忙的，都喜欢找我，而我也乐在其中。久而久之，有什么事，只要我振臂一呼，同学们都纷纷响应。所以老师们也喜欢把组织活动、号召捐款等事务交给我。

学生会主席在任的两年里，遇到过大大小小让人头疼的事，比如晚上七点开始的活动一切准备妥当，灯光、音响都已租到等待安装，时间地点都向校内外宣布了，组织部突然神色慌张地跑来说："场地被人占了！"；再比如宣传部长晚上十一点跑到我面前哇哇大哭，说她们部门连续三天三夜在画室里奋战，结果其他部门的人还说海报不太理想让多弄几个版本供选择……在处理这些棘手问题时，我再一次发现了女生的优势——拥有与人沟通交流的能力。

所以，我很赞同夏教授在文末对于领袖特质的归纳，尤其是领袖需要具备良好的言语沟通能力，当然，前提是你一定要有敢为人先的勇气和信念。当今世界

上，女总统、女CEO以及各大组织的女负责人，数量
都在大幅增长，她们以其卓越的领导力在向世界证明：
哪怕是巾帼呢，又何须让须眉？你准备好了吗？未来
的领袖们！

扭转对"领袖"的误解

王小弟（"麦田组织天津站"创始人）

夏教授在文中说："领袖人物不单是带领国家民族：
鲁迅建立左翼作家联盟，隔壁三楼徐老爹组织小区人
士作抗争活动，甚至带领一个人都可变成领袖。"我觉
得这里对"领袖"的定义非常恰当，也扭转了我们长
期以来对"领袖"的误解。

小学三年级的时候，爸爸告诉我，人要学会感恩，
社会给予我这么好的成长环境，我便要从小学会尽自
己的力量去回报社会。那时候唯一能做的就是把自己
攒的零花钱寄给贫困山区的孩子们。

当时的想法也很单纯，并未想过会有怎样的回报。
这种支助活动坚持了好些年，直到有一天，我在逛超
市的时候发现一套格林童话精装本，于是想着寄给曾
经支助过的小朋友。他们收到书之后，在老师的帮助
下给我写了封感谢信，信中不只是对我的支助表示了
感谢，而且还向我诉说了她的学习情况以及成长中的

烦恼。我突然感到心里一暖，一种被人需要的感觉让我意识到自己的价值。长期以来，各种琐事使我渐渐丧失了对理想的追求，整日沉浸在为生计奔波发愁之中，而这样一种支助行为不单单是我给予他们的帮助，或许更多的是他们对我空虚浮躁的心灵的一种慰藉。

来天津上大学后，我逐渐意识到仅凭一己之力想要帮助更多的孩子似乎不太容易，于是寻找到志同道合之人一起创建了"麦田组织天津站"。"麦田"是一个全国性的公益组织，主要向贫困地区的孩子提供教育支助，为他们捐送图书，筹款修建学校等等。当我将自己曾经的感受和大家分享时，似乎获得了更多的共鸣。也许，每个人心底都有一种被人需要的渴望，如果我们将帮助他人作为对自己内心的滋养，那么你再也不会以一种高高在上施予者的姿态去对待那些被帮助者，所谓赠人玫瑰，手留余香大抵如是吧！

所以，只要你有一颗乐于助人不求索取的心，你就可以行动起来，成为"领袖"。哪怕你只是一名学生，也可以在当地建立"麦田"，让更多的贫困学生受益。

第13讲
顶尖高中生
要懂文学

文学之美，在于其悲剧性、浪漫性及叛逆性。

—— 夏烈

进入主题讨论之前，我们先从现实的观点来看一些事实。

由功利看文学的一些事实：

✿ 台湾著名中学建国中学每年毕业近1300名学生，以对文学有兴趣而报考文学科系者不到0.4%，许多人文学系（英、法、德、日、西……都算）是为了读语言，以后好找工作。

✿ 白先勇教授在建中名列前茅，保送入成功大学水利及海洋工程系，大一还是第一名。但他自认对文学创作兴趣远大于工程，重考以高分入台湾大学外文系。后来以《台北人》荣膺20世纪中文小说一百强第七名，位在鲁迅、老舍、沈从文、张爱玲、茅盾、钱钟书之后，为现仍在世作家最高名次。

★ 建中文教基金会及掌建中校友会达二十年之久的简信雄董事长，出身台大外文系，非理工医专业。

★ 我在美国任职工程界多年，现在是台湾唯一工程博士曾出任专任文学教授之职。台湾政大文学院院长陈超明在文学座谈会中说："夏教授就是一个最好的例子。理工医转文学不难出头。"

无可讳言，理工医科系以后的出路及收入要超过人文社会科系。但是理工医的领域里高手如云，要出类拔萃谈何容易。所以，要走快捷方式啊！如果你有文学的才分或大兴趣，就要冒险，进入开始时收入不丰的纯文学领域。再下去你的竞争对手少，同时纯文学作家的社会地位，要超过一般人文社会科学的学者及工作者。这是从功利的角度来考虑。先严及先慈（何凡、林海音）都从事文学工作，虽非巨富或操大权者，名利双收确是事实。

从现实看文学的功能

如果不谈以文学为终身职业（创作、教书、研究、编采、广告等），只论及文学欣赏，那有什么功能及益处呢？我是过来人，由现实的考虑列举如下：

❂ 扩展你的视野，由文学作品中了解人生百态及人的内心世界。因为我们个人不可能经历那么多人生。

❂ 这是修养的一种，人的质量（即quality，与class相通）因此提高。同时也增长你的智慧，年长后协助你建立你的中心思想。

❂ 阅读文学作品带来个人的快乐，与欣赏音乐、绘画、电影相同。令你的生活更多彩多姿。生活不只是功名利禄的追求，也要有情调及品味，给我们平淡的生活增加色彩。

❀ 与人交谈的素材之一，对尔后升迁，与人交际有助。小投资可以成为大收获。

❀ 文学训练创意，也磨练文笔。以后你的工作有五分之一是书面沟通：比如写报告、建议、申请款项、呈报工作计划等等。

我在工程界任职多年，遇到多少工程师事业有成，但生活单调乏味。如果当年养成阅读的习惯，今天就不一样。

文学的某些性质

首先要澄清一个观念，此文所谈论的文学是纯文学，不是通俗文学（大众文学）。通俗文学只供消遣，不能启迪人的心灵、培育美学欣赏的教养、提升文化的素质——也就是不能提升人的层次（class）。

文学是一国文化的主体，它在文化上的代表性超越音乐、绘画、舞蹈、建筑、雕刻及电影等其他艺术。文学概分四大领域：文学创作、文学欣赏、文学理论及文学批评。文学创作靠天分及"文学气质"；文学欣赏人人可为之，区别在层次及品味之分。最后两项则需要专业训练，多由学院出身或经文学训练有年者为之。《文心雕龙》是我国最重要的文学理论书籍。文学批评在台湾极弱，即使有些学者以此类工作获得院士、教授、博士头衔，但杰出者很少。最明显的一个例子是高行健全部小说在台湾发行，但在得诺贝尔文学奖之前竟无一文评论他的小说，仅马森教授有一篇评他的戏剧。所以有才华的高中生以后进入文学批评很容易出头。

四个大文类（genre）是小说、诗、戏剧及散文。其中散文就是作文，不比其他三类文体的创作需要许多的虚构及想象力，故被西方列为最不重要。但散文在中国文学上却一直是最重要的文体。由

《出师表》到《岳阳楼记》，名作辈出，且负教化之责任。戏剧在西方有两千多年前源自古希腊的悲剧传统。在我国则一直不得发展，只有唱腔的戏曲如京剧、昆曲、黄梅调等等，到30年代曹禺出现，西方式的戏剧始在中国立足。诗是浓缩的语言，在四文体中艺术性最高。然而新诗不押韵，我常提醒学生，写新诗要具复杂性及典故性两大原则，同时写得尽其晦涩。小说自19世纪中叶即成为主流文体，至今150年不衰。诺贝尔文学奖自1901年开始颁发，60%以上颁给小说作家，20%颁给诗人，12%颁给戏剧作家；少数以哲学或传记历史得奖；110年来无人以散文得奖。长篇小说是重工业，中篇小说是轻工业，短篇小说是手工业。以小说得诺贝尔奖者一定要有重要长篇。然而小说创作要由短篇开始，再进阶中篇，再长篇。

文学创作——独持偏见、一意孤行

文学创作以美学为依据,具某种深度及艺术性。作品以感性为主,理性及知性为辅——换言之是先考虑到作品的艺术性，再衡量思想性。哲学与宗教对人生多有结论，但文学却常无明确答案，这就是文学的艺术性——朦胧及开放。作家的态度是主观、持优越感、唯我独尊、独持偏见、一意孤行。所以文学创作是个人的，不像科技是合作的成果。文学是独立的艺术，不必为政治、宗教、社会、伦理服务。中国人所说的"文以载道"基本上是不正确的观念。高层次的创作不需顾及为任何事效劳。西方文学界在20世纪初，现代主义（Modernism）诞生时即觉悟到此文学的独立性及自主性。这种观念在我们的国家及社会尚难以接受。

前面说过作家的社会地位要超过人文社会科的学者，当然也超过文学博士、教授、院士等。因为社会永远尊重天分，尤其敬重有艺术天分者——艺术包括文学、音乐、绘画、舞蹈、建筑、雕刻及电影等。但请注意，这是指有才分的纯文学作家。一般纯文学作家收入低，声誉有限，并不是一个好职业，还是需要一个有正常收入，朝九晚五的工作维生。所以如无大天分或大兴趣，不能随便走作家、艺术家之路。由另一个角度来看，玩票性质的写作也难以成大器。任何事情都是有代价的，社会上聪明的人太多了，以玩票而胜过专业谈何容易。

文学创作并不一定要文学科系出身，甚至不一定大学毕业。20世纪美国三个最重要的诺贝尔文学奖得主，海明威、佛克纳及史坦贝克均未大学毕业。我国的名作家林海音、沈从文、萧红、张爱玲、张贤亮……也都未入大学之门。我再要提出一点：各大学外国文学系学生（包括英、德、日、西、法等）多以念语言为主，真正对文学有兴趣的不到七分之一。只有中文系的学生多对文学有兴趣，可能达到50%。他们的短缺是英文较差。现今社会英文是世界语，比其他德、日、西、中、法等都要重要很多。

建议书单

纯文学作品的阅读应自中学时就开始。通常辅以有深度的电影及相关的哲学及历史书籍，因为文史哲是相通的。在这里要强调：不要每本书细读，因为你没有那么多时间及兴趣。现阶段你阅读越多越好，因为你是在文学阅读养成及发展期，没有必要每本钻研。科技课本（如数学、理化）是累积性知识，所以不得不融会贯通才能走下一步。文学欣赏重体验及美学感悟，并非累积性知识。

开出一个阅读的大书单并不切实际，因为文学主观性强，总有个人喜恶。所以这里列个小书单。中国古典小说建议《红楼梦》、《三国演义》及《水浒传》这公认的三大。现代中文短篇建议鲁迅的《呐喊》、《彷徨》及白先勇的《台北人》。现代长篇建议老舍的《骆驼祥子》，吴浊流的《亚细亚孤儿》。近代外国小说建议加缪的《异乡人》。至于中短篇翻译小说，因为太多，就各取所需了。近代诗建议艾略特（T. S. Eliot）的《四个四重奏》（Four Quartets）及《荒原》（The Waste Land）。我建议这些是考虑到艺术性及思想性两方面。此外美国全国图书馆协会前主席罗伯特·唐斯所著的《改变历史的书》，威尔·杜兰的《西洋哲学故事》是易读、重要的史哲入门书，一并列下。

这篇文章尽量写得现实，因为优秀的高中生（尤其是男学生）与文学相去太远，但我在间隙中看到光线、机会及利益。

回响

文学以人为中心

白先勇（著名作家）

文学基本上是以人为对象：探索人的内心世界、人的价值，人的痛苦及快乐，所以人的七情六欲、悲欢离合、生老病死俱在其中。夏教授文中提到高中生绝大多数走理工医之路，少数进入法商，以后致力于文学者几乎凤毛麟角。然而不管哪一行业都是以人为中心，为人类造福，即使兽医也以猫狗主人的情绪为交易对象，宇宙物理的研究也要说动审核委员会拨下巨额款项。工作时我们不能忽略人性，也就是西方人常说的"dehumanization"。不论工程的设计、医药的发展、科学的探究，都要考虑到人性那一部分，就是要"人性化"。而社会科学（法、商、教育、社会、政治等）更是以科学的方法诠释及研究人的行为，对象不是动物或大自然。如此，我们能忽略探索及描述人性的文学吗？

夏教授文中所言文学出路比不上理工医，甚至比不上法商是事实，再下去拉近差距并不乐观。我教文学许多年，并不大力推销你以后以文学为业。但你也不必那么急，从中学就一头栽进数理生物，而是要培养多方面的兴趣，多看小说、诗，对人生有了解。大到对宇宙与小到对人心的了解是相等的重要。譬如做一个医生就应对人性有认识。如果你是优质生，以后成为各行各业的领袖人物，不了解人性如何带头？

我一直认为科学与文学不必泾渭分明，距今两千多年前的古希腊，重视一个人科学及文学艺术多方面的教养，这是西方人最重要的文化根源之一。文艺复兴更是将重点放在人文。一般说来，欧洲人不管从事哪一行，都比较有人文素养，这也是他们国民的修养。高中生重成绩，但不能忽略文学，不能无视文字的魅力。科学与工程维持了我们的生命，但是文学丰富了我们的生命——这是我们活着的目的。

这多少年一直在美国快乐地从事文学的工作，尤其遇到许多理工医科的青年对文学有深厚的兴趣，令我心慰。最近常去中国大陆，那是一个快速发展、奔向前方的国家，然而大陆文学青年相当多，一般人对优秀的作家也很尊重。我在这里要鼓励你们，不论以后进入哪一行，继续培养你的文学兴趣，如此对你以后的工作及生活一定有好处。

理工状元怎么说

白培霖

（曾任台塑集团南亚科技副总经理，当年台湾大专联考状元，同时也是台湾大专联考的最高分纪录保持者）

首先我并不同意夏教授文中所言："理工医科系以后的出路及收入要超过人文社会科系。"20世纪上半叶是科学的天下——相对论及量子力学相继出炉，我们追求自然现象的发现（discovery）；下半叶是应用科学（工程及生物科技）的年代，我们致力于发明（invention），以造福人类。但科技工程只是手段，主要目的是为了改进物质生活。饱暖之余我们一定会有更多及更高的精神生活欲求，那就是文学、艺术等。所以我认为21世纪人类的明星及价值观，很可能又要恢复到20世纪之前文学、艺术的领域。如果你们进入所谓今日的热门科系，怎知毕业后不会变成明日黄花？高中生不要追时代，而是考虑要走在时代之前。

我们至今仍阅读两千五百年前的希腊悲剧及史诗，近三千年前的《诗经》《尚书》及之后的经史子集。然而彼时的音乐、绘画并不能流传至今。所以我同意夏教授所言："文学是一国文化的主体"。换言之，书面的文学要比其他种类艺术生命长。

我个人没有文学创作的天分，但由中学就开始阅读文学。我把文学阅读分为三类。

（1）通俗文学略读即可。《达芬奇密码》这种热门书是用来消遣的。大前研一好像说过有些商业书籍他一小时看一百页，这就是略读。

（2）纯文学要细读，用心去感受。当我们在溪头孟宗竹林偶遇小雨时，能顺口念"莫听穿林打叶声，何妨吟啸且徐行"。眼前的不方便马上蜕变为诗意的美景，随着年岁的增长，更能体会这首定风波的最后"回首向来萧瑟处，归去，也无风雨也无晴"。倘若没有这些诗句在脑海里，眼前有景说不得，生命将失色不少。

（3）经典文学要精读。你凝聚已有的一些经验，将经典文学当一面镜子，由其中寻求某些观念的答案。所以越是年纪大的人，越会去读经典文学。年轻的和年老的读《达芬奇密码》这种消遣性的通俗文学都一样；读《论语》的感受及收获就不同了，因为人生的经历及思索的凝聚不同，领悟差距就很大了。

在此，我还要强调一点：世界上很少有一件事像文学一样，年纪越大、体力越衰，却像倒吃甘蔗一样，渐入佳境。科学家或音乐家常在25~35岁之间就已有重要成就，文学不是如此。能否将聪明凝聚为智慧，才是你们要考虑的。你们中以后会有状元，中国历史上有千千万万个状元，留名的只有秦桧和文天祥两个，其他与草木同朽。同学们，你要用文学还是用科技留名？还是在其他领域随波逐流？

穿上魔力红舞鞋的女孩

林峥（北京大学博士，现就读于哈佛大学）

我是一个从小就对人文学科非常执着的孩子。然而在我成长的时代，人文学科在中国的地位已下滑。高中毕业时，我是以文学特长得到北大特殊加分的学生，可以自由挑选科系。当老师及同学得知我执意选择中文系时，都表示惋惜和不解。他们认为我应该选择经济、管理或是法律之类的热门专业。因为职场实质效益可观的经济、法律等，已成为炙手可热的"状元系"。积淀在北大最深厚历史文化底蕴的文史哲，如今反而变成地位尴尬的冷门，这是社会大众对于人文专业的普遍态度。

但在北大中文系，绝大部分的学生非常热爱自己所学，全心全意地投入、迷恋中文。我们不是把它当作一种课程，一个专业，而是视文学为自己一生将投入的事业，有时候当我埋首书堆时，会觉得自己像童话中那个穿上魔力红舞鞋的女孩，有一种不可遏制的力量推动我不停地旋转，无法自拔。我在其间，我快乐。中文是一个非常有魅力、有内涵的科系，即使不把它当作安身立命的专业，四年沉浸其间，对于人格的塑造，情操的陶冶，涵养的积淀，均受益匪浅。

实际上，我认为，由现实的立场来考虑，现在中文正处在一个非常有潜力、有前景的转折点。在这个日益全球化、开放的时代，中国无可争议地即将成为世界最大的市场。全世界的聚焦中心都已转移至此，学习中文的热潮已在世界各地掀起，相关的东亚研究也正成为西方学院关注的重心。中国的文学、中国的语言、中国的文化乃至各种习俗等等，将成为世人渴切了解的目标。反而中国的社会大众普遍尚未意识到这一层。因此，这就是一个得天独厚的机遇：所谓人无我有，人优我转，寻找最独辟蹊径的切入点，时不我待，舍我其谁。

第14讲

没创造力爬得更快?

前几个世纪，创造力只是被用在文学、艺术及音乐的创作上。更早，基督教的黑暗时期（约5世纪至16世纪），只有上帝才是创造者（造物主Creator），人类只能模仿，听从神意，不能用"创造"形容人类的创作。后来有人把莎士比亚（16~17世纪人）誉为伟大的创造者，文学才与创天地并论。进入科技挂帅的20世纪，当然，科技也加入创造的行列，所以有些公司有R&D（即Research & Development Division，研发部门）。而风险性投资公司（Venture Capital Investment Company，简称 V. C.）也在近20年纷纷成立，主要投资在计算机/因特网科技及生物科技的研发上。这种创投只有不到五分之一的成功机会，其他五分之四的投资几乎完全泡汤，然而成功的五分之一平均回报率大大超过五倍，否则谁要冒这个险？经济的三大要素一直是土地、劳力及资源，近二十年来又加上"知识"为第四要素，所以有"知识经济"这种名词。有些三十岁不到的高科技研发工作者竟摇身一变成为亿万富翁，就是靠他在中学及大学里学的那些科技课程做基础。然而，创造力（creativity）、创新（innovation）、发明（invention）、发现（discovery）这些名词并不一定用在大创见或大发现上，回形针及便利贴也是不小的创发。创发可包括新观念、新理论、新产品、新创作，可以是长期努力思考达成，也可能是无心插柳而柳成荫。

创发的种类及成因

二千多年前的古希腊即有化学、阿基米得的物理学、欧氏几何、生理及解剖学等科学。中国则更早就有天文学、化学等等；然而心理学要到19世纪末才有弗洛伊德的奠基；对创造力的研究更要到近50年前才被重视。创造发明（创发）粗略分为下列数种：

❀ 产品的创发：由大喷气飞机、肥皂粉、相机、维他命丸到小回形针都是创发。有些需要有高等数学的训练，有些可能是灵机一动。据说小小回形针的发明者赚了成千上万的专利费，便利贴唯一要诀是纸片贴上去能轻扯下来，不会黏死，看来简单，研发却非一蹴即就。

❀ 艺术作品的创作：文学、绘画、雕刻、音乐均属艺术。杰出作品和创作者的天分及艺术气质深为关连。反而理论对创作并无帮助。海明威、佛克纳、卡夫卡、吴浊流、林海音、邓雨贤、朱铭、鲁迅……这些人均未受过正式的学院训练，却也成为大师。

❀ 理论的创见：高等及复杂的理论，如量子力学或相对论的发展，植根于深厚的物理学及数学基础。学问不够不可能进入殿堂。人文及社会科学理论的创建，也与学术基础相关。

❀ 新观念的形成：由达尔文的进化论、马克思的资本论、尼采的非理性哲学、弗洛伊德的心理分析，到凯恩思的新经济观念……
这些新观念和理论对世界产生了深重的影响。它们背后形成的原因
各异。

✿ 发现与发明：科学（数、理、化、生物等basic science）研究
自然界已定现象，实用技术（technology，包括工程、医学及农业等
applied science）是将科学研究成果转变为实用产物，两者均以自然
现象为衡量标准。科学是发现（discovery），技术是发明（invention）。
但发现和发明均与创造力相关。

对创造力的研究属社会科学范围，涉及心理学、社会学、文化
学、生理学、经济环境等多种理论，但无定论。因所谓社会科学乃
是以科学的方法研究人类（非其他动物种）的行为，而人的内心世
界及价值观并不如自然科学那么确定，所以社会科学的研究常因这
个"人"的复杂因素而无定论。有人以为与左脑（司语言逻辑，理性，
聚敛性思考）或右脑（司图像，感性，扩散性思考）的发达和使用
有关，也无定论。每个人多少都有些创造力，只是程度及领域不同。
创造力不见得从小就表现出来，或是被人发现——毕加索及爱因斯
坦在学校里都相当平凡。这种潜能何在？何时爆发？没有准则。千
里马是否一定要遇到伯乐？生命中的贵人是否存在？靠自己还是靠
命运安排？没人能断言。

创意通常不是来自闪电般神秘的灵感，而是经年累月的发展、
演化及进步的过程。有一些与创发有关的事我要提出来请同学注意。

✿ 绝大多数的发展是采用或改进他人已有产品（或观念、理
论），因为这比自己创造要容易得太多太多。日本的汽车、电视机、
相机……独步世界，质量比欧美要强，却没有一样是日本发明的。

基本说来，中国及日本的传统文化均缺乏个人的自主意识及独立思维，故而抑止人性、人格及创造力的发展。

◉ 创发的产品必须要有人肯定或有市场，否则毕加索也不过是个奔走于画廊求售的画家而已。毕加索的立体主义（Cubisim）其实是将三度空间的对象在二度空间的画布上呈现。如果没有被艺术界肯定，立体主义至今安在？

◉ 在美国申请专利只要数百美金即可，所以专利局有上亿条专利，真正能实践而获利或造福人群者寥寥无几。所以有些人履历表上有"专利57项"，也没发财或出名。但你不要因此看轻创发，认为只是过过干瘾。要知道：这是重视创造力的开端，谁知哪一项专利会带来名利？但是你也要评估是否值得花大精力、时间、金钱继续创发下去。还有，你是不是这种人？

◉ 智力（IQ）并不等于智能（wisdom），与创发的关系也未被证明。我念建中贴隔壁的国语实小，那时是全台湾最难考入的小学。我在五、六年级两次智力测验全校最高分。如今五十多年过去了，并未创造出什么，也没什么大成就，只是"还不错"而已。其他两位当年仅次于我的智力测验高分者，至今也是"还不错"，只是大学我们都毕业于名校。

◉ 一个广告、一个计算机程序、一项新理论是否有创意，只能由该行业专家评定，并非一般研究创造力学者能统一判断。

高中生是否应该有创造力或创发精神

社会常期待菁英高中生也最有创意。实际上学业成绩并不能与创造力画等号。高等科技研发固然要求高难度科学课程的训练，但一般生活创发及艺文创作并不需要相关高难度课程。

自古以来社会里大多数人都没有创意，也无意创发，是个传统而保守的组织架构。否则人人好高骛远，整天想新花样，不脚踏实地，一定社会大乱或不能进步。如果一个人没有创造力，或根本不想去费这种脑筋，没什么不对——没那种天分或兴致，就不必附庸风雅了。因循传统，述而不作其实是现实生活的基础。

但是也不能持此反对他人的创发。因为社会的进步是由各种人推动的。一项成功的新创发，不论是科技的、生活的、政治的、经济或商业的、艺文的，都可能对社会产生正面的巨大影响。最近5个世纪，中国人就是因为太守旧，太缺乏创造力而落后于西方。升学导向的学术高中常担心创发会消耗学生的读书时间，分散注意力，所以并不见得鼓励创造发明。另一个极端的例子，是美国三个高科技公司的创办人都没念完大学，就迫不及待地辍学去开公司：微软的比尔·盖茨由哈佛辍学；苹果的乔布斯只念了一学期大学；另一苹果创办人沃兹尼亚克在伯克莱加大念了两年辍学。这些人如今名利双收。

创发与个人的兴趣有重大关联。创发可能带来巨大的金钱报酬，也可能穷忙一场，或所得无几。但是我们做事一定要取得立竿见影的回收报酬吗？创造或创新是否也影响了我们往后为人处世的态度及历练？启迪了我们心智的发展？令我们更有自主的意识？无论如何，是否消耗精力在创发上，是个人的价值观，个人的衡量，个人的选择。我想也可能自然的、随兴的、水到渠成的创造更是常例。我建议同学不必强求自己有创造力，每个人的才华、兴趣、境遇不同，你要发挥你的长处，走不通或走不顺的路，不一定要找答案，另觅出路，柳暗花明又一村。

如何培养创造力

有学者研究90多名欧美杰出创造性人物，发现这些人并没有指标性的人格特质，我个人观察亦是如此。但我还是写下培养创造力的我见。

★ 随时记录下闪电般的新想法。

★ 以你的新想法进行5至13人的头脑风暴座谈（brainstorming session），以集思广益。俗语三个臭皮匠，顶个诸葛亮。

★ 大量阅读不但增长知识，而且训练脑力。

★ 与聪明人谈话，有助于创造力。与蠢材谈话没有启发性，快快结束。

★ 跨截然不同领域做脑力工作，或操数种不同语言，变来变去，必然激荡脑力及触类旁通。比如科学家在文学、艺术、音乐及电影方面的兴趣培养，会启迪一个人在科学上的创新。科学上的创新光靠严密的逻辑思维不行，创新的思想往往开始于形象思维，从大跨度的联想中得到启迪，然后再用严密的逻辑加以验证。

★ 天马行空式的幻想或自由联想（free association）均有助于创造力的增长。而不以习惯性的角度思考，突破传统逻辑，另辟蹊径，都可能缔造创新。

★ 创新或创业的人要对挫折有高度的容忍心，即是不屈不挠。甚至要能像比尔·盖茨一样，愿意放弃就要到手的学位。

★ 极权统治、锁国政策、父权式的家庭或学校教育，均对发挥创造力不利，甚至极不利。因为极权国家为统治方便，害怕人民有自由的创造力，故而墨守成规，不但不鼓励创发，甚至视创发为异端，为一种颠覆的行为。这也就是近五百年（西方文艺复兴以后）没有一项重要科技产品、人文、艺术、社会科学或科技理论源自中日韩的原因：日本在美国海军培理提督强迫叩关及明治维新之前锁国二百多年，中国固步自封的时间更长。而欧洲分为几十个国家，数百年来交流频密，开放，互相竞争，大大促进了人民的创造力及创新心。

中国人"不做不错，少做少错"，"述而不作，信而好古"的传统就是不鼓励创发的消极心态。

★ 有研究指出相反人格特质的平衡有助于创造力，那就是：实际与幻想的平衡，童心与成熟，谦虚与自大，内向与外向，传统与叛逆，主观与客观，合作与竞争，最后，合理与不合理的平衡。我觉得这种说法有道理。你说呢？

结语

企业界求才重视跨领域及有创意的人才，也重视能有国际观及其他语言能力的人，这些均与创造力息息相关。但是创造力绝非唯一用人标准。我要强调：是否有创造力并不一定重要，社会由各种不同的人组成，没有创新能力的可能爬得更快，获利更多。因为用别人的，可能更省时间精力。所以重要的是认识自己，由此发挥长处，舍弃短处，更有效。

创发不必强求，它不是一项必需，而是一项加分。有的人几十年无动静，忽然来了个大的，可能是科技的，可能是人文艺术的、一般生活的，也可能是商场上的一个新创意……该来的就会来，挡都挡不住。

创意、冒险、多元

赖明诏

（曾任台湾成功大学校长，台湾"中央研究院"副院长）

戏剧家赖声川曾给创意做了最简单明了，一针见血的定义：创意就是如何"问问题"。对科学家而言，杰出的和比较差的研究工作，不同之处在于问的问题是否重要。有创意和没创意的作品及产品，也只差在最初所针对的问题是否重要。而创意的表现就在敢不敢问问题，选定问题之后，解决问题将不是那么困难。台湾的学校教育最重视的是训练解决问题的能力，而且是"循规蹈矩"的解题能力，并不着重"问问题"的能力。这也就是联考制度下寻求标准答案，知识（信息）反刍教育方式的后遗症，更严重的是学生不敢也不愿意问问题，因为害怕逾越传统的想法，或者是根本缺乏信心。而且愈好的学校，同学们愈着重努力抄笔记，愈少同学会发问。然而，创意的培养必须从中小学就开始。

创意是天生的，创意的程度随个人天赋而异。但是创意却是可训练的，除了夏教授文中所提到的"如何培养创造力"之外，老师教学的方法也可以启发创意或抑制创意。举例来说，台湾考试的方式以选择、是非题为主，这种考试方式左右教学方式，而选择、是非题以训练分析能力为主，却限制了综合思考及自由骋翔能力的培养。创意常来自外在的刺激，《哈佛的经验》这本书就提过，在哈佛最有收获的是那些住在宿舍，而且有不同种族、肤色、文化背景室友相混的学生。因为同侪的相辅相成，不同文化的灌输会丰富一个人的思维。因此，接受不同文化的冲击是创意教学里一个重要元素。如果一生只和同样背景的同学在一起，困居在自己熟悉的环境，创意的火焰就永远不会点燃。常有家长希望他们的子弟和同系同学住在同一宿舍。我则给他们不同的忠告，多元化的宿舍是大学生活最重要的经验。我可由此再引申下去：近亲繁殖（inbreeding）不但在生物学上可以产生不利影响，在社会上、教育界、职场上或企业界亦复如此。

创意是一种心智的活动，有些念头是灵机一动，但要能付之以行则需要另一种能力。如果创意不能实现，那只是空中阁楼。因此未来世界所需要的不只是创意，还需要创新、创业来引领创意实现。我们要栽培的是能付诸行动的有创意的人才。但最根本的是敢思考、敢发问、敢质疑，而不是墨守成规，只走前人开辟旧路的人。

创业投资与我

徐大麟

（汉鼎亚太公司创办人及现任董事长，被誉为"亚洲创投之父"）

我不是一个绝顶聪明的人，要靠努力，才会达到期望。但是另一方面，我的驱动力和企图心很强，有了目标就努力不懈，力争上游。

我在伯克莱加州大学的研究所转念电机工程，得到博士学位后进入IBM工作。这个公司发给每位员工一个小牌子，摆在眼前桌上，牌子上只有一个字"Think"——也就是不要只是顺着环境反应，随波逐流，而是遇到任何事都要去"想"。这也就是IBM为什么会快速成长为全球出名大公司的主要原因之一。

后来我把美式创投的观念带到亚洲，成立了汉鼎亚太公司（H&Q Asia Pacific）。至今，汉鼎亚太管理了850亿台币（27亿美元）的创投基金，共投资约四百家公司。一般说来，我们观察到的成功创业人，多半有以下的特质。

（1）他们全心投入创业，在性格里十分有信心，有着"柳暗花明又一村"的乐观态度，他们坚持理想，不轻言放弃。

（2）他们独立思考，不受现实框架的限制，但又能抓住时机，也就是商机。创投十分重视研发产品是否能被市场接受，并不是支持学术性的研究，公司的研发结果必须要能被市场所用。

（3）他们懂得用人，而且懂得取长补短，若创业者只是技术强，他常会愿意找一个营销高手来协助公司的成长。

夏教授问我要如何培养创造力？我认为，创造力最根本仍是深植在从小的教育中。我们念书的时代，都是死读书，不重视创造力，考题都只有一个标准答案。社会和教育体系要鼓励创新，鼓励"Think out of the box"，敢于突破种种的限制。总体来说，我认为，创新可以从六个方向来做，也就是创新的六大催化剂，分别是：教育革新、鼓励研发、重视智慧产权、鼓励投资创新产业、企业策略性并购以及勇于突破无形的限制（玻璃罩）。

练好基本功，打开心胸，等待那惊鸿一瞥

李嗣涔（时任台湾大学校长）

科学技术的进展需要安定繁荣的环境。每个人在自己的岗位上，做好自己的专业，练好基本功，不断的改进，开放心胸，相信并接受各种可能性，勇于尝试，就会累积创造出不凡的集体成就。有一天福至心灵，惊鸿一瞥，你也可能创造出个人不朽的创作，留名青史。但是这要靠天时、地利、人和、缺一不可，只有

凤毛麟角的人能够达成，不必强求，也无法强求。

由模仿进入创新

陈默（北京大学历史系博士）

正如夏教授所说，我们东方的历史传统和文化并不太有利于创新。我国思想、学术的轴心时代来得太早，春秋战国时代儒学的基本构架已经成型。到了西汉武帝时期确定独尊儒术之后，两千多年来我们的思想家、学术家注意力的焦点，多集中在如何对儒家经典正确解读和阐释上。所谓的"古今"、"理心"、"汉宋"之争，也都是围绕着这些经典而来，而外来的佛学、本土的道学，久而久之也被儒家化，成为经典的附庸。浸淫在如此文化之中，我们的思维方式难免更擅长对既有知识体系的完善作补充，而非截断众流、另辟蹊径、自成一说。

我们不能通过改变DNA来拥有西方人的思维，也不可轻易抛弃我们的传统文化，那么是不是说在21世纪，我们东方人还是要落在西方人后面，和创新无缘了呢？答案不是这样的，承前启后、继往开来的思维方式同样可能产生创造力，实现创新。

我们意图创新，想象力和发散思维固然重要，但对前人的成果的利用和吸收，同样十分关键。而在利用和吸收过程中，模仿（imitation）其实扮演了一个不太起眼但十分重要的角色。模仿看似会导致和创新截然相反的结果，但实际上我们只有通过模仿才能够真正理解他人的成果，不仅得其外在更领会其精髓，然后才有可能融入自己的思路进而走出自己的特色。

我们生活的时代，已不复有近代初期乃至工业革命之前的蒙昧，也不太会出现19世纪末知识大爆炸的景象。在这样一个时代，我们最好的做法是，从小处做起，从基础做起，先争取在各个领域都能够有小的进展和突破。孟子说七年之病，当求三年之艾，我们只有把小的进步积累到一定程度，才可能推动大的跨越。

第15讲

高中生
迈向成功之道

　　我在《看重自己才是高人格》一文指出人格（人品及格调）是待人处世之道，目的不是为了求取个人的成功或发展。但是现在我要来谈谈成功之道了。成功的定义因人而异，大多数人奋斗的目标是"功名利禄"；也有些人的人生观是建筑一个快乐的家庭、享受生活的乐趣或遨游于学问的探究。孙中山曾说要做大事，不要做大官。但有时小事也是大事，譬如一个人成为皮影戏的泰斗或烧瓷的权威，只要在任何一行出类拔萃就是成功。个人求进及成功的旅程可能嘉惠人群，造成双赢；可能不利于他人及社会；也可能与社会人群没关系。

　　这篇文章所讨论的限于"出人头地"的范畴。如果你的人生观或个性是淡泊、随缘或出世，这篇文章对你没好处，甚至引起你的反感。因为你们是十几岁的孩子，还在心智成长阶段，我要你看完本文后与同学作一番讨论了。

"功"是成就，"名"是名声，"利"是银子，"禄"是官位，引申为社会地位。努力读书进入好大学，可能是现阶段各位认为最重要的成功之道。实际上，这种与"知识经济"相关的论点只是成功的条件之一。下面归纳出五大项求取成功的道路，人非完人，没人能全做到。算了一下，我自己也只能做到60%，而我还不是个谦虚的人。各位依你的天性及环境挑选最有利的作为奋斗目标，其他做不到的作为参考、讨论、强化、反驳及选择——包括负面选择。

性格的养成

性格多为天生，也有些是后天磨炼出来。如果未经指导，你可能不知道自己有哪些引导入成功的特征。

❂ 胆识及毅力：敢作敢为及冒险精神不全是天生，勇气有时可锻炼出来。即使胆大的新兵首次上战场也会闻枪炮声而全身发抖，而胆小的军人被迫多次上战场也能发展出"杀人如麻"的胆量。光有胆量，可能沦为匹夫之勇，加上见识及洞察先机才收绿叶红花之彰。胆识及毅力应是许多种成功的首要条件。毅力就是锲而不舍、接近顽固的精神。这世界上聪明及有能力的人太多了，谁也不输谁，最后比的就是谁够狠，能不顾一切撑下去，才成为人上之人，天外之天，那就是毅力。

❂ 体贴及关怀：想做领袖（不是"经理"）的人就得有个替他人着想的特质。我在《做一流学生，也做一流领袖》一文中指出领袖永远在"付出"（give）而不是在"收取"（take）。这不是对自己不利吗？但是你想想做领袖带给你的满足、充实及带头儿的乐趣。任何事都是有代价的，不付出就别想得到他人的仰慕、依靠及追随。

领袖地位的取得有两种重要方式：一种是慢慢布桩辛苦经营得来。另一种是在混乱不明的状态以强烈手段——比如冒险或暴力革命——脱颖而出骤然取得的。

❀ 培养大气魄：一次大手笔抵上百十次小成就的集聚，这就是成功的快捷方式。有许多小的东西，扔掉，给出去，为的是放长线、钓以后的大鱼啊！太注重眼前的功利，总是捡小便宜，吃相也难看。

❀ 脸皮厚度的问题：一般说来自卑感重的人把面子看得重要，甚至比里子还重。尤其是男学生，以后要面对无穷的挑战及斗争，从小就该培养出厚脸皮来。皮厚和阳光型是同义词，美眉都喜欢阳光型的哥哥。以后你要带头儿，要做情人、做丈夫妻子、做父母那可害羞不得啊！什么是不害羞？就是理直气壮，比方明明考上一个次等大学的次等系，对外却义正辞严地说明这系的重要性，以及你个人以后在这伟大行业里的抱负。只要理直气壮，没理也变有理。

❀ 培养自大心：外表上人该谦虚思让，表现出绅士模样。内心里，有条件的该自大、自负、有雄心，才会不断地驱使自己奔向一个遥远的目标。"进一步，海阔天空。"不是退一步。此外，永远不要后悔你所做的事。这不是说心一横，错就错到底，而是要向前看，后悔无济于事，浪费时间精力。

❀ 牺牲及玉碎的精神：海明威在《老人与海》里有句话："人可以被毁灭，但是不能被击败。"（Man can be destroyed, but not defeated.）50年代的朝鲜战争，中国人在朝鲜战场上以一国打十八国而打成平手，这在人类军事史上从未发生过，而中国人做到了。敢作敢为可以小吃大，以寡敌众。因为人常是胆小、姑息、怕事的。一个人要是摆出"老子活不好，你也别想活得好；老子要走，也带你一起走！"的姿态，没有人不怕的。但是，何时摆出这种姿态？该不该如此？你仔细想一想吧！

心性的养成

每个人对心性及性格的定义不同。在这里"心性"与个人修养有关，助你迈向成功之道。

✿ 自我克制：自我克制违反心性，年龄越轻越难做到。自我克制是一种伪装，让对方摸不清你的底线。小不忍则乱大谋，为了斗争、为了成功，忍耐乃属必然。然而自我约束及克制也可能会抑止创造力。所以有特殊天分或高艺术特质包括文学、美术、音乐、舞蹈、影剧等的同学大可不必克制自己，应任性情发展，甚至不受正式课业的约束。你的创造力就是你最大的资本，你的人生。高天分的人也不需求多方面发展，大可专精而不顾其他，因为专精且专注的人不会分心，容易在领域中出类拔萃。

✿ 强迫自己：强迫自己做不喜欢或不适合的事是一种磨炼。比如念不喜欢的科目、交不喜欢的朋友、学不喜欢的东西等等。这样做违反人性，但回报收获一定不小，否则你不会如此做。人要积极努力，不存侥幸投机之心，你看成功的人多是不畏困难、接受挑战的人，因为任何事都是有代价的。人最大的敌人是他自己，因为他失去斗志，放弃了。西谚有云"There are no gains without pains."

✿ 减少嫉妒心：嫉妒是中国男人的特征之一，也就是小心眼儿。这种特征演变为损人不利己，消耗大量的内心及外在能量。它不可能完全走掉，但得尽量减低，把这精力转移到有建设性的方向。心胸宽接受批评建议绝对能改善自己，忠言逆耳，一时不快很快就忘记了。学习接受挫折、失望及失败是自我训练的重要项目，男孩要皮厚及心狠。另外要加一点：最怕一个男人发展出小头小脸，吹毛求疵、喋喋不休的特征。有些男人，比一些小心眼的女人还要小心眼，你说可怕不可怕？而现今社会，颇有一些女人，比男人心宽、有魄力、敢作敢为。再说一点，听说"文革"时被斗，被迫害的常是别人嫉妒他的优点，成就、仪表、美丽、家世、表现……所以被斗的源头是嫉妒心使然，你说可怕不可怕？

❀ 培养创造力：创造相当于开拓新领域，所以不畏惧使用新方法、新机器、新观念，对培养创造力绝对有帮助。有时大胆用直觉去做事也会培养创造力。不是每个人都有这种天分，没有就得守成，这是成功的快捷方式。

❀ 养成运动习惯：运动可忘忧、消压、消除心理疲劳，可令人工作更长的时间，所以有助于成大事。一小时出汗心跳的运动可抵一小时睡眠。"东亚病夫"近几百年来人文及科学的表现都比不上他国，就是和"东亚病夫"这几个字有关。你现在开始出汗运动，保证你书会念得更好，精神更好，气色更好，更多的异性喜欢你。

❀ 保持好奇心：在我看来，好奇心影响到创造力，也开拓你的领域，增加你生活的乐趣。常有父母师长劝同学专心多念书，不要看闲书，不要四处跑浪费光阴，不要什么都碰一碰……我认为这种劝勉是错误的，保持好奇心对你未来的成功应大有裨益。

气质风度的养成

有些方面的成功并不全靠专业的杰出，而是和做人有关。做人又和他人是否欣赏你相关。此外，即使良好的气质风度没有带来实时的功利，单凭被人欣赏就是一项成功。有些人车子、金子、位子、房子、儿子五子登科，却被人说是气质低（low class），做人做得真冤。

❂ 重视仪表：宁可服装太正式（overdress），也不要服装不合宜（underdress）。任何场合服装不适合在气势上就输掉了一半，在人前也见拙不安。修饰外表服装是个麻烦事，但是人不常就靠这张皮吗？

❂ 注重谈吐：一般行业60%以上靠言语沟通，专业水平却只占20%。一个男人声音低沉而略带磁性多么令人陶醉啊！最好的推销员是学会听的人，不是能说的人，你想想为什么。演说是谈吐之外另一个成功的条件。如何言简意赅、抑扬顿挫成为群众的煽动者、羊群的牧者、暴民的领袖是一门大学问。

❂ 人文素养：科学素养令人合理化，做事有条理，合逻辑，有效率。人文素养则增进人的气质，令人谈吐不俗。原因很简单，绝大多数的人不了解科技，却能接受人文，也喜欢人文。考试升学压力减少后，各位更要重视所谓的副科——音、劳、美、文史、军训、体育，这样才更有气质，更有条件。然而有特殊才能者可以抛掉一切，只专注特殊领域。只要以后有大成就，做一个狭窄或古怪的人也值得。此外你这年龄读书速度快，记忆力及可塑性强，不要精读，你要以囫囵吞枣的方式大量地、广泛地、快速地消化这些课外读物及各国电影，从中汲取精华，这些可能在你往后的生命中比专业还重要。

讲求效率的培养

时间总是有限，烦人的事却是无穷。一个有野心的人时间永远不够支配，甚至玩的时间都不够。要成功就得善用资源、人力及时间。只有老掉了牙，等死的人才去过那种每天喝老人茶、聊天、下棋、闲云野鹤的生活。

❀ 简单化：做学问及从事艺术文学创作要复杂化，但是对人对事要简单化。人才把复杂的人事简单化，蠢材把简单的人事复杂化，弄得自己精疲力尽。如果某个人或事不能被简单化，应考虑将其铲除，以免浪费资源坏了事情。做领袖对群众及追随者做宣化时，更要把握简单的原则，因为群众的平均智力不可能高，复杂的宣传只有令他们混淆，最后是不知所从。所以只要以洗脑的方式，简单地、反复地表现出来，才能有效地达到宣化的目的。此外你注意成功的人日常生活常是简单无华的。王永庆先生做事大气魄、腰缠万贯，他注意物质生活吗？施振荣呢？周恩来呢？蒋经国呢？林海音呢？

❀ 多面作战，齐头并进：你要从现在开始就训练自己同时做几件事，不要等完成一件再做下一件。这个社会的步骤会越来越快、越复杂及多元化。要成功就得适应同时多面作战的环境，否则就会落伍，甚至被淘汰。科技艺文创作要求完美，但是做事不必求完美，那是自寻烦恼。此外人生有成功也有失败，大大小小的失败与成功。你要把失败看作一种契机，利用先前建立的经验、人脉及个人战斗精神做下一波成功的垫脚石。

培养观察及判断力

前面说过有胆只是匹夫，还要有识才相得益彰。观察及判断正确就是走快捷方式。我们说某人有商业头脑、政治头脑，或有学术头脑，常是此人观察及判断正确的结果。机运成分不是没有，只是算命和祈祷只有50%的功效，另外50%无效。

❀ 认清人的不同：大多数人一辈子也没搞清楚人的想法和作为因人而异。与不同阶层及社会接触越多，你越清楚这个事实。人的不同因天性、遗传或环境造成，没有逻辑可寻，你认清了可减少因事与人违所产生的困惑及失望，也可防范于未然或作补救。有些人的作为形同自毁或自杀，被你碰上了作为合作的对象，算你倒霉。你要尽快横下心来做决定，不要为妇人之仁坏了自己的大业。有些人天生能洞察人心，甚至有直觉或第六感预见未来，没这个本事如不能未雨绸缪，起码也要能当机立断。

❀ 眼观四路，耳听八方：不但野战部队军人的训练需要这个，成功的企业家及商人如此、领袖人物也是如此。注意周遭环境不啻劳神，你可以因没兴趣而不去注意某些课题，比如不喜欢数学，不喜欢历史。但周遭环境与你一生息息相关，想要在某些方面成功不能不去注意，当然，有特殊才能的人又是例外。周遭事物那么多，如何有效挑选及注意是你要作判断的，而且这种判断常不给你足够的时间去思考。

❀ 靠自己：最可靠的人永远是自己。但是，自立自强也得付出心血及代价。靠别人，命运操在别人手里。社会上，上至总统、下至贩夫走卒，许多人都有抱大腿的习性。抱大腿比靠自己可以节省不少精力，只是千万别抱错了一条腿。为了弥补因抱错大腿所造成的伤害，胜过一开始就靠自己所花费的心血。

❀ 结交成功的人：近朱者赤，近墨者也一定黑。结交成功者（Winner），向他请教学习、观察他成功的原因，策励自己向他看齐，这也是成功的快捷方式，比自己摸索要省力。如果和一群失败者（Loser）常混在一起，自己变成那一类都不自知呢！但是一个作家常和Loser在一起有助于创作，因为文学的美在于他的悲剧性、叛逆性及浪漫性。一个健康写实的文学路线令文学庸俗化及乏味单调，甚至八股。

❀ 寻求适合行业：有能力的孩子在寻找未来职业时免不了功利导向。然而学一行不一定这辈子就吃这行。我个人先做工程及研究，后做行政，现在教授文学。每一行对个人都有阶段性的重要性。无论如何，从事自己最适合的工作还是胜算最大，它可能不合乎功利的出发点，但是会带给你快乐和较大的成就。你要及早作这些职业及性向测验以多了解自己，入错了行会浪费许多生命。尤其菁英高高中生颇有一些应走文法而为应潮流去就理工医，这是我观察台湾政治不修的重要原因之一，也是大陆及台湾文法人才远远不及理工人才之因。找一个人才不足的行业，你很容易就鹤立鸡群，功名利禄全都跟着来。另外，不要怕换工作、换行业、换城市，除非是某方面的专才或天才，否则多换工作、地点及行业，使你变成一个更能顾大局有价值的人。

❀ 相对论的启示：在一个密闭空间没有相对的问题，一经与外界接触，相对的问题就产生了。牛顿的万有引力可以用在男女爱情上，弹性力学的疲劳问题和工作相通……诸此种种科学原理都可用在人性上，这也是科学与人文相通之处。我要你想一想，博伊尔定律、热功第二定理、三角正弦曲线、库伦定律、进化论等等，如何用在人性及人事上？为什么要这样转换？

终曲

这篇文章很长，但是还不够长。基本上，成功之道在洞察先机、在大胆尝试、在培养战斗精神。我建议各位看看介绍德国非理性哲学家尼采的书——他的超人、贵族主义、权力意志、强者的道德等等。人类的世界早就是个社会达尔文主义的战场，只有强者或适应者才能生存、才能求进、才能成功。这是残酷的事实，也是自然的法则。然而，最后我要强调一点：在求取成功的道路上，千千万万不要忘记做人厚道及公正，也不要忘记助弱及同情。为什么？因为这样才会被人真正地尊重，才成为一个更有价值的、真正的人，那不是更大的成功吗？

回响

成功不一定要第一

高惠宇（曾任台湾《联合报》总编辑及台湾"立法委员"）

不一定要完美或要第一，因为永远只有一个第一名。肯定自己并不是一定要第一。成功有大成功也有小成功，有信心起码可以取得小成功。不要怕外来打击，不要怕原地打转不进，不要像现在一般年轻人那样急功近利。只要基础够，磨炼够，不会长期被冷藏，被埋没。反而基础不够的急功近利者只能维持一段时间，下去无以为继，那就不能成功了。

看大也看小，看上也看下

胡俊弘（曾任台北医学大学校长）

不论对事对人，如果只看大的，上面的，那就不是面面兼顾了，而一个成功的人常是面面兼顾。这样比较辛苦，但是回报也大。一个势利眼的人只重眼前的利益，他会失掉许多潜在的助他成功的条件或人。不论学生、穷人、工人、小贩都可能与你今后的成功相关，不要小看他们。

第16讲

节俭未必是美德，
先花了再说？

　　金钱虽是物物或物事交换的一种媒介物，但它绝不只是一张纸；黄金也不只是一种用途有限的金属，它们就是财富。我们这里所谈的不是"知识即是财富"、"好的名誉就是财富"、"你要集聚财富于天上"（《马太福音》六·20）这些抽象的言词，我们谈的就是赤裸裸的钞票。

　　钞票不能买到所有东西，但是绝对可以买到大部分的东西，包括某些人的人格。"有钱能使鬼推磨"这种话差不到哪里去。下面列举一些事实：

　　❂ 最近半个世纪以上，美国最好的公立大学是伯克莱（Berkeley）加州大学。田长霖是该校，也是全美第一个登上主要大学校长之座的中国人。公立大学有国家拨下预算，但田长霖一登场立刻得四处募款。

　　❂ 即使与宇宙、人的未来有关的宗教事业，也需要出家人或传

道人托钵、化缘，要求信徒奉献，以维持他们的传教工作。

❀ 有个出名的电视剧导演告诉我，他花了许多时间精力为片子筹钱，否则下一集就拍不出。他说导演本应是艺术工作，但却变成商人的工作。

❀ 一个有些姿色的女主播身上穿了一件昂贵的貂皮大衣，据说那件貂皮大衣是用她自己身上的皮换来的。

❀ 一个港星颇有气质、美丽。嫁了个猪头猪脑的富商，还为这个俗物生了孩子。

❀ 美国对适婚女性做广泛测验。她们最希望嫁商人，其次才是医生、律师、工程师、大学教授等。

❀ 马克思的研究可申论为经济不但可决定人的行为，甚至可决定人的思维，包括艺术、科学、宗教、政治等。

❀《论语》有云："及其老也，血气既衰，戒之在得。"

所以由神圣的教育工作、宗教工作、高雅的艺术工作到女星、女主播、美眉、老家伙……个个都看重钱。以下依序讨论贫富的性质、金钱的赚取以及一些个人观点及建议。

贫富的性质

❀ 金钱是我们的朋友，也是我们的敌人。俗语云："穷人气大，富人屁大。"的确，"贫贱夫妻百事哀"、"人穷志短"都是一针见血之言。但是《论语》也道及"君子固穷，小人穷斯滥矣！"至于"富贵不能淫、贫贱不能移"是否容易做得到，确是值得怀疑的事。

❀ 越是说不在乎钱的人，越在乎钱。如果他真是清高，也就不会说自己不在乎钱这种话了。

❂ 钱对需要它的人特别珍贵。如果有了够多的钱，再多一些意义不大，因为只能花这么多。对缺钱的人来说，走投无路、告贷无门，这种滋味真不好受。然而人势利眼，常锦上添花，却未想到雪中送炭会带给对方多少感激及温暖。

❂ 会赚钱的人常不会花钱，因为人的时间精力有限，学会赚钱就没精力再去学花钱了。人的兴趣也有限，既然有兴趣赚，也就没兴趣花，因为兴趣已经用完了。集聚钞票犹如集邮票，乐趣是看着它们一张张叠起来，不是去花它。美国有些富人节约一辈子，最后把大部分财富捐出去，因为他们认为这是他们赚的——赚自社会，不是他们子女赚的。

❂ 人致富之后，以前的朋友会渐渐和他疏远——高处不胜寒。要富人分你一些钱并不容易。这是他辛苦赚来的，他会想为什么你自己不努力，你想要在他身上打主意——这种想法是正确的、合理的。

❂ 富人常比较吝啬，因为这样，他才阔得起来。穷人有时大方，因为也没多少可以分给他人了。钱够多，才能计划如何投在下一个计划上；钱少，没得计划，花掉算了。

如何爱钱爱到没有铜臭气

金钱与财富都不是坏事。资本主义社会就是因为个人财富的累积而奠定了国家兴盛的基础。因为在高度发展的国家，财经制度健全，富人取财取之有方，国家也设计了"藏富于民"的政策。所以在那种国家，人们不会敌视富人。发展中国家则贪污情形普遍严重。

金钱就是头痛，头痛就是成就，就是成功，任何事都是有代价的。然而头痛或苦恼也是一种快乐，不是吗？有富人告诉我：钱多而不烦恼是人生的最高境界之一。资本主义社会认为"贫穷即是罪恶"，在已成熟上轨道的资本主义国家，机会均等，而且机会很多，所以贫穷常是懒惰或不适应社会所造成的（少数由意外造成的贫穷不算）。但是这句话颇有语病，因为艺术家、音乐家、作家等常无法将它们努力的成果换成粮食。请看梵高生前一幅画没卖出，邓雨贤凄婉动人的《雨夜花》、《望春风》能卖钱吗？余光中优美的诗每首又能卖多少钱？这些有艺术才能的人必须还得找个朝九晚五的工作。办不到，就得贫穷。

喜爱钱是人的正常心理。如何爱钱？如何爱钱爱到没有铜臭气，起码外表看不出铜臭气来，那就是门学问了。一个人要"很爱钱"，他才能取得很多钱，因为要经营、要努力、要冒险才能赚到钱，任何事都是有代价的。但是钱要取之有道，不是有便宜就捡。那太没格调，太low class（低级）了。请注意，class是极为重要的一件事。

一些个人观点及建议

因为你们是大孩子，下面有关金钱的话，有些可能难以体会。但是没关系，现在看看，留下印象，以后再回头看，想想我说得对不对。

基本上，学生是无产阶级（即普罗阶级proletarian）。相对的是资产阶级（capitalist）及小资产阶级（即小布尔乔亚阶级Bourgeois）。学生家里再富有，那个钱不是他赚来的，他不知道父母当初赚钱的辛苦。学生年纪轻，比成年人要有正义感及同情心。对贫穷不幸的人同情，埋怨自己作老板的父亲未能善待工人。但你要知道，如果父亲把赚来的钱慷慨和员工分享，结果可能利益不多、资产积聚不够，最后导致丧失和同行的竞争力，乃至于倒闭。到那时候，员工就什么都没有了，大家同归于尽。

你不要只学会存款，要学会怎么花钱，来打点自己的门面。这个从花小钱看电影、买好衣服到以后出来做事赚了钱，花大钱买房子，投资全在内。赚钱不是只有一份死薪水，还得投资，用钱生钱。要学会怎么赚，不是怎么存。

以西方的观点来看，入不敷出不见得不对。节俭也未必是美德。先花了再说，以后再还。因为先花了钱，才学习到赚更多钱的能力，才因投资而积聚了更多的资本。以后有偿还的能力就可以了。房贷、学贷都属这一类。你要想想简单的数学再做投资。比如买一个贵的房子，只付三分之一的头款，其他三分之二是银行贷款。如此，这个房子每涨7%，你的投资就涨了21%，请问银行利息及稳当的股票投资有三倍吗？在投资上搞来搞去是很重要的一件事。有时你要冒险，如果冒险输了，搞光了，顶多喝一阵子西北风。只要年轻，就有机会咸鱼翻身。

我虽已公开表示遵奉儒家思想，但是在金钱方面绝对不儒家。颜回居陋巷、一箪食、一瓢饮，孔子曲纮而枕之。那种寒酸的生活属于苦行僧者。一个人即使个性淡泊，也不太可能独善其身。譬如你觉得粗茶淡饭不和铜臭打交道，你就很快乐，但是你的妻子和孩子快乐吗？有些女人有物质虚荣心，比男人喜欢血拼二十倍，而且小孩子要旅行、要花零用钱、要名牌在美眉面前充胖子。做丈夫、做父亲，你能过独善其身、过清心寡欲的生活吗？

因为每个人兴趣及价值观不同，重视的方向不同，金钱不可能是唯一衡量标准。但是有家有小就得"搞钱"，令家人衣食无匮，起码小康，这是底线。

回 响

Balance Sheet

张人凤（福茂集团创办人及董事长）

资本主义成为世界主流的时代，钱是一种价值衡量标准。由个人、公司、财团乃至国家，钱就是力量。

人的身价亦可以拥有多少钱来计算，500富人排行榜谁不想挤上去。但古今中外，顶尖的文学家、诗人、画家、音乐家、哲学家、政治家，这些历史及文化的创造者哪一个是有钱的富人？有多少不是潦倒终生？甚至因穷而无容身之处，而不得善终。如果把这些人留下的文化遗产去掉，这世界成什么样子？钱能衡量人的价值吗？

有人问我的信仰，如果世界是一个整体，作为一个企业家，我信仰"收支"。你生下来就开始接受恩惠，父母养你，老师教导你，读书得到知识，来自先人。空气、水、粮食一切生活必需品来自世界资源，在你长大成人进入社会之前，你就一直对这世界负债、借支。越聪明的知识分子，受教育越长，负债越多。如果你没受过什么教育，只是能出卖劳力，消耗资源不多，养老育幼就可以收支平衡。商人及企业家，钱来自社会，钱越多社会责任越大，要还债也多。政治人物权势越大，负债更多。各行各业，任何人生活所需均来自世界资源，你一生消耗多少资源，建设多少，到最后你总得结算出资产负债表——Balance Sheet，结算你一生对世界的功过、得失与价值。国家元首，贩夫走卒都逃不掉这最后的清算。

伟大的人除了耶稣基督、释迦牟尼、穆罕默德、老庄、孔孟……这些创教立宗者价值无限外，一般人几乎都能以钱为单位，来计算一生对世界的价值。举例：如莫扎特、舒伯特都短命，一生消耗有限，他们的音乐，世人应付的版税无法计算；法国印象派宗师穷苦一生，用些油彩，却画出价值连城的作品。计算杜甫、李白、柳永、苏东坡何尝不能以阅读人数来计算，至今还在不断增值中。发明家、医生、科学家的价值则更易估值，商人企业家就不用说了。

唯有政客最难，任何政治主张均有正反两面，因时因地因人而易。秦始皇的暴政今人看不见，但他留下的长城、水利、法律、户政、度量衡制至今尚在。正负不明，善恶难分。但有一点，古今一切政治的转变都是因经济变化而发生。工业革命后，新兴资产阶级出现，钱不再由皇族独占。才有法国革命，乃成今日之自由民主政治。

德国经济受犹太人控制，希特勒上台后没收犹太人的财产，受到举国拥护，就是为了钱。美国独立战争也因殖民地经济发展，拒向祖国英国付苛税而起。独立后的宪法精神是保护私人利益及自由，故能吸收世界各国的投资与人才。

钱可造福人类，亦可毁灭世界。钱是人类进步的原动力，最伟大的发明。南太平洋的人以贝壳做钱，作为财富的象征。中国最早的刀币，刀即武力，有武力就可以争取财富。后来用铜钱，内方外圆，君子爱财取之有道也。中国大陆开放后经济高速发展，力量来自13亿人民个个往"钱"看，这力量原子弹也挡不住。

今天我到92岁还不言退，福茂集团当年我创办的唱片、系统工程、海外矿业、音响、音乐出版……我自己还插手，并没有完全传给子女。最近我还在海外收购了三座大型合成工厂及矿山。我每天上网查数据，用电子邮件和夏祖焯通讯为的是尽用晚年余力，交出漂亮的Balance Sheet——人生最后的财产负债表。

钱、钱、钱。

金钱！金钱！

Mike Cooper（美商、DBS公司常务董事及营销经理）

....

夏教授文中暗示学生有理想化倾向，他们也会被"容易赚的钱"及"容易花的信用卡"所吸引。人为了向友辈及异性炫耀，常会装阔。但我们看到美国现在的情形，养成赚少花多的习惯，或以借钱增加投资，很容易会给自己带来麻烦。我给今天的学生一个忠告，那就是脚踏实地，不要膨胀自己。要勤劳地工作，慎重地储蓄，精心地投资。如此，财富就会到来，如果财富来的不是金钱，起码也是做一个谦恭及诚实的人的一种满足感。

第**17**讲

宗教于你是否有必要？

人常在自己的信仰和怀疑中挣扎。

尼采曾云："如果有上帝，而我非上帝，我岂能忍受？所以，没有上帝！"

宗教的起源

宗教是对神明的信仰，古时候人类的科学常识不足，对大自然种种现象产生畏惧，从而制造出许多神话，最后逐渐演进归纳成有系统的宗教。随着宗教的演进，它又进入政治的领域，成为政治的工具及一种控制人的利器。人的性灵生活常是不容易了解，宗教成为某些人心灵生活的一部分。日本在太平洋作战末期由青年战斗机驾驶员组成神风特攻队，喊出"人生二十五"的悲烈口号。日本人彼时多信佛及神道，有来世之言，所以可摆脱这一世，壮烈地死去以求来世。几个大宗教中，基督教、天主教和回教都是一神教，古希腊是多神论（有六十多神），佛教是无神论——每个人都可以修炼成佛，印度教有三亿多神，道教起码有百多神明。由于有这众多的宗教，不同的信仰，甚至有没有神都不能统一。由此，我们得到一个统一的结论——宗教是人为的，是人创造出来的，不是天上掉下来的。

重要的宗教已有上千年的历史，深入人心，变成性灵生活及人类文化的一部分，形成一个传统，一种习俗。就此，我们来看看宗教的分布及特质是什么。

宗教的分布

如今世界人口约为71亿，各大宗教依教徒人数多寡顺列如下：

❂ 基督教（Christianity）：由犹太教演变而来，世界最大宗教，信徒约占世界人口33%，超过23亿人。分为天主教、新教、东正教、英国国教四大最重要的宗派，主要分布在欧洲、美洲及澳洲。

❂ 伊斯兰教（Islam，俗称回教）：世界第二大宗教，14.7亿，21%，伊斯兰教信徒被称为穆斯林（Muslim）。伊斯兰教国家政教合一，主要分布在阿拉伯国家，北非诸国，中东地区以及亚洲的印度尼西亚、马来西亚、印度、巴基斯坦及孟加拉国共和国。

❂ 印度教（Hinduis）：9.3亿，13.3%，印度教源自婆罗门教，"印度教"一词是19世纪时期英国殖民者创造的。事实上，印度教不同宗派教义的区别很大。印度人约有80%信仰印度教。

❂ 佛教（Buddhism）：4.1亿，5.84%，虽为印度王子释迦牟尼开端，但在印度佛教徒不及1%。佛教主要盛行于东亚各国，分大乘及小乘。

❂ 道教（Taoism）：以华人聚集地区为主，是唯一源自中国之宗教，但因释（佛教）、道、儒不分，甚至国人的拜祖先亦包括在内，故准确人数难估。道教与道家有别，道教拜神明（由太上老君到关帝、妈祖等多种神明），但道家为老子及庄子开创，是一种哲学思想、一种学问。道教目前为台湾第一大教。

✿ 犹太教（Judaism）：犹太人内部的宗教，与基督教及伊斯兰教有深切关系。约1600万信徒，基本上不欢迎非犹太人入教。

✿ 其他宗教：约有8亿人，形形色色。

✿ 无神论者（Atheist）：1.6亿，2.3%。

✿ 无宗教（Non Religious）或不知论者（Agnostic）：8.2亿，11.6%。

以上均为大概数字，完全准确统计不可能。

宗教的特质

★ 哲学性、文学性及艺术性

基督教的圣经虽然原以希伯来文及希腊方言写就，翻译为英文后却和英国语文及文学结下深厚的关系。佛教有许多哲理和存在主义不谋而合，甚至和中国的老庄哲学都有接近之处。

宗教有它的"艺术性"。寺庙及教堂建筑之美，圣彼得大教堂中米开朗基罗所绘"创世纪"的壮观，而宗教音乐合唱的浩伟，即使无神论者听了也会深深感动。冈仓天心在《日本美术史》中开门见山地说道："佛教和美术的关系密切，美术的起源就是从宗教开始。"

★ 独占性、反知识及非理性

宗教的另一个特质是"独占性"。由于哲学基础、传统以及地域性的关系，宗教在本质上不能容忍也不承认异教。犹太人精明厉害，以色列本身毫无资源可言，信奉回教的阿拉伯国家却拥有丰富的石油蕴藏，而且曾长期沦为欧洲殖民地，资源被西方国家榨吸。然而一遇冲突，欧美各国都摒弃有石油而易于利用的阿拉伯国家，永远站在以色列这一边。为什么？有个美国人坦白地告诉我说，这是因为"基督教的根是在耶路撒冷之故"，真是一语道破。基督教很难在亚洲国家变成国教，因为耶稣的脸是白的，黄种人会有认同危机。

信仰基本上反知识。知识越高的人分析力越强，怀疑性越高，信仰也越不坚定。

宗教信仰有相当重的感情因素在内，故而它必然"非理性"。黑格尔曾说："凡理性的就是真实的，凡真实的就是理性的。"说句题外话，人生活在一个全盘理性的社会里，是条正确的道路吗？即使一些名重一时的科学家，也逃不出感性的世界而笃信宗教。

★ 政治性及仪式

宗教有极高的"政治性"。从某种角度来看，宗教很像政党，有党纲、有思想基础、有仪式、有组织、有凝聚力、有独占性也有排他性。但是宗教多了一层神话，这是政党所不及的。人的政治观点常会随着环境改变，但是他的宗教信仰并不改变，也就是这层神话的关系。

宗教和政党一样，必须要靠组织和仪式来维持。"仪式性"有绝对的必要，许多人说"信仰是在心里，去不去拜不重要"，如果所有的教徒都只信在心里，那个教派不出两代即将消失于无形。信教不只是人与神或佛之间的交通，也是人和人，和同教组织之间的沟通及交流。

★神秘性、传统性及救赎性

宗教需要某些"神秘性"来维持它超然的地位，维系它长期的存在，失掉这层神秘性，天堂的芬芳和地狱的恐怖化为乌有。

重要的宗教能历久不衰，基本条件是组织化、制度化和形式化。这些也代表了宗教的"传统性"。四个大宗教都有它上千年的传统，它们的势力范围固若金汤，决不会再和第五教分享园地。

宗教和"迷信"是否为一对孪生兄弟？宗教需要神话来维持，然而信教的人并不一定是迷信，他们对经书上的记载可以做有选择的接受。如果他们排斥宗教中的迷信和神秘性，并不代表叛教，因为宗教本身就是人为的，所以信教的人对宗教的现象，可以有不同的解释和接纳程度。然而，在一个科学不发达、国民知识水平普遍低落、教育程度不高的国家，宗教容易沦为迷信的代用品。在一个以理性为主导的社会——比如西方或日本——宗教的迷信色彩势必被冲淡。

"救赎性"是宗教最诱人的一环。原罪的观念本已深植于宗教中，而人活在世上又犯了许多其他的罪。有些可能根本不算是罪，有些罪则严重地侵害到别人的身家性命财产，万劫不复，绝对值得保送入地狱。宗教的救赎性此刻发挥了最大功效，不论深浅大小，一律照单全收、慷慨地给予犯罪者最后的机会。然而，这种机会是否实体存在，没有人能做见证——因为没有人到过那儿，也没有人从那儿回来过。

★商业性

商业性是物质或精神上的付出与回报，你信我、拜我，我就为你做的买卖、升级加薪、考试成绩、与人斗争甚至生命安全加码，也就是买保险。事实是否如此？我看不是，因为进香团或朝圣团的大巴士翻落山谷、飞机出事屡出不穷。

宗教是缘分

现代人信仰宗教或为家庭传统，或为社会环境的压力，或为某种利益，或为寻找救赎及出路，寻求心灵的依靠。也有人失掉了信心，认为不能控制自己的命运，只有求助于宗教指点迷津。

宇宙有多大？时间有多长？细微而奥妙的粒子如何形成有机体？许多问题，至今科学不能解释，甚至科学家悲观的预见再发展下去，问题的答案还是遥遥无期。于是，不少科学工作者也进入了形而上的宗教领域。在精研学术多年之后，达尔文曾说："……令人深信上帝的存在的另一个理由，是出于理智而非感情的，使我深深体会到其重要性。"

如果以上列举种种信奉宗教的理由都不成立，我们可以说某些人信教是因为他和宗教有缘。这种缘分犹如爱情和友情，人和人之间有缘，人和神或佛之间也可以有缘。

村夫愚妇、社会底层的人求神问佛者众，在庙宇教堂大量出现。由此，有些人会认为信教的人层次比较低。实际上高级知识分子及政商高阶层的人信教的并不在少数。只是底层的人受的苦难多，比较不能控制自己的命运，再则他们知识缺乏，影响到分析力，所以容易去信教。

因此，低层社会的宗教狂热性及政治狂热性特别高，而宗教的宗派成为邪教的可能性也越大。邪教反社会、反政府、崇迷信，智者迷信也会变成愚者。

为什么不信教

然而，为什么许多人不信宗教？或是"不知论者"？或是无神论者？以下由观察及分析归纳为几种原因及类型。

❂ 知识分子中的自由主义者——他们的思想不可能被任何一种宗教、政党或主义所束缚，他们永远是怀疑论者。

❂ 富有创造能力的人——宗教是一种救赎，一个出路，所以也阻挡了人的心智发展，使人失掉了主宰的力量，增加了他的依赖性。人类的进步，不论是科技或人文，就是他们不停的，无拘无束的思考，而宗教的本质实际上限制了这种思考的过程。宗教协助了人类文明的发展，也阻碍了人类文明的发展。

❂ 只信自己的人——《归潜志》有云："天定能胜人，人定亦能胜天。"有些人认为人是宇宙的中心，不是神，不是佛。信教则失掉了自己。

近代文学界反宗教倾向甚高，这和文学创作的本质有关。好的文学作品常富有浪漫和反叛的色彩，近代优秀的作家多是不知论者或是无神论者。

❂ 与宗教无缘的人——不论有多少灾难和挫折降临，不论生活在如何宗教熏陶的环境中，甚至在四方求告而处处无门的情况下，有些人还是不皈依宗教。他们和宗教没缘分，却不见得反对别人信仰宗教。卡缪的《异乡人》中的主角在等待死刑执行的几个月过程中一再地拒绝上帝，甚至不称来囚室见他的神父为father，而是称他为先生Mister。那种心境对某些人是个谜团，有些人却可以全然了解。

❂ 受到魔鬼的诱惑——对于信教的人来说，不信教可能是受到了魔鬼的诱惑；当然，对于不信教的人来说，信教也可以说是受到了神的诱惑？

死亡的缠结

如果没有宗教，如何面对死亡，为此宗教的救赎性开始了赠发天国入场券的诱人功效。能有其他的通道替代宗教吗？让我告诉你我的看法吧：

我们只观察到别人的死亡，而不可能观察到自己的死亡，所以死亡不在我们的经验中——相对于死亡的便是存在。人生全部过程由孕育、诞生、成长、死亡，一直到精神消失，肉体死亡只是过程的一站，并不是终站，因为下一站是往生者对别人的影响，尤其是在学术、政治、经济、家庭、教育……有贡献、有影响力的人，他对小至家人及亲友，大至对社会或人类文明及文化的影响，那就是他死亡后的下一站，而这一站可能会持续很久，甚至永恒。此外人如果有了后代，他的基因也传下给他的子女，怎能说肉体死亡就是终结呢？

中国儒家有"天人合一"的思想，天即是自然、是宇宙、是主宰者、造生者、启示者，只是天不同于宗教的鬼神，可说比鬼神更博大，更抽象。因为人为天地之心，人之命在天，天人之情一体，所以我个人就是宇宙的中心，我主宰着一切。如果有一天我有形的生命终止，那又回到"天"，回到宇宙去。我生前是主宰，身后还是主宰，因为我与天合而为一。换一句更具体的话来说，我由中华民族来，最后我又回到中华民族去。

家慈过世时，我没用轮床，而是亲手抱着她的遗体走去太平间，那条路很长，她的身体重，我已不像以往年轻时那么强壮。但是我心中充满了欣愉，她带我来到这世界，我抱着她离开这个世界，她没有死，因为我继续了她。至今仍感到她在暗中启示我走下一条路，我在缝隙中看到亮光。

宗教是否有必要？

宗教是人为的，它延伸数千年，深入社会人心，有功有过，但是无限制的膨胀对人心只有害处，导引人走入迷信之途，对自己失去了信心。宗教要退到第二线，不以主控人心，社会及政治，甚至意图取代政府，政教合一的权威姿态出现。而是要以服务社会，为人类造福的配角角色出现。如果宗教不能认清自己，终将成为人类的祸源。

中国历史上，邪教倍出，邪教与宗教有不解之缘，而新起的教在中国容易沦为邪教。这些邪教表面上冠冕堂皇，振振有词，实际上不只危害社会人心，甚至沦为外国政府打击及丑化中国的工具，我说的是什么你该知道。

此外，国外有些人认为"政治和尚"达赖喇嘛说的话颇有点儿哲理，挺中听的。但我们这些比较有深度、有分析能力、有智能的一群，都觉得他说的没什么，买几本《我的座右铭》比较一下，就都在上面了。

中国因有儒家思想，宗教从未扮演重要角色。儒家的"子不语，怪力乱神"、"不知生，焉知死"、"敬鬼神而远之"说明了古人对宗教的态度。中国以前无国教，现在没有，以后也不会有。中央集权的大国不一定要有一个统一的宗教，我们固有中华文化的传统就是我们的"宗教"，有些不合时宜的会被不断地修正改进，同时也渗入及加入其他民族的优点长处。

我因在大学教授西方文学的课程，经常要教到圣经，因为圣经及古希腊文化是西方文学的两大根源。我也在美国数次公开演讲圣经及基督教，但我讲的及重视的是知识，不是信仰。

没有什么是值得坚信不移的，如果有的话，那就是真理，就是我们自己。人的成就是自己带来的，不是上天的助力，我们千万不要低估自己。马克思曾说："宗教是人民的鸦片烟。"鸦片在医学上有一定认可的功效，少抽些可提神，可以祛除烦恼，抽多了就会上瘾难以自拔。

回 响

何妨有宗教信仰

江煜坤（台湾建国中学国文教师）

中国人喜欢说"举头三尺有神明"，那一点畏天畏地的精神，毋宁是对人类言行举止一种无形的栅栏。不管是佛是道，很多宗教的影响力，已潜移默化在我们的日常生活之间，真正认为无神无鬼的人是极少数的。孟子曾说"四十而不动心"，我在四十岁时，却对宗教有了毫不犹豫的选择，以不惑之年加入学佛的行列。十多年来，信仰的力量让我学会了什么是该放下的、什么是该坚持的，因为只有宗教能让人"变小"（低下），也能让人"变大"（包容）!

高中生要警惕邪教

简信雄

（弘翰实业股份有限公司董事长、建中文教基金会董事长）

宗教是由神话与传统习俗而形成对神祇的信仰。宗教派系的结合成为政治活动的一部分，在社会与政治方面产生巨大的影响。尤其中国几千年的封建文化及礼教约束，长久以来对庙寺神祇的崇拜一直延续。

对于"高中生该不该接触宗教"，我觉得处在当今多元而复杂的社会，学校的环境究竟较单纯，不需要涉入宗教活动。由于各国间甚至同样一个国家内之族群对宗教的观念与认识极为迥异，产生了相互排斥及怨恨的心理。单看举世震惊的"911"纽约大楼倒塌恐怖悲剧，即清晰可见是宗教的观念，异教互相仇视心理所造成的。

宗教的教义不是一成不变的真理，律法因时因地，可信而不可信，但迷信最为可怕。在中国欺神弄鬼，借宗教手段诈财骗色，时有所闻。所以学生不宜涉入宗教场所，专心学业较妥。

不过，我认为偶尔抽空看看观世音的故事、释迦牟尼佛经或是基督圣经的经典名言，却是对学问的探讨非常有益。世间如果能将宗教单纯化，使其还原成原来心灵上的救赎，则所有宗教均应被鼓励。然而在宗教上加了个人私欲或政治目的，则此宗教团体即被污染，宗教里的信众都有被利用的可能。故此我认为对冠冕堂皇的教义背后应该多加认识。

我对宗教信仰的看法

黄钧恺（台湾建国中学高一生）

对我个人而言，我们家并没有信任何的教，但却有所谓的信仰。考试的前几天，母亲往往会驱车带我去文昌君庙拜拜，每逢年节，必有祭祖，拜天公，到行天公拜拜等的，这便是对于某些特定神祇与历代祖先的信仰了，这么做是想要求得心灵上的抚慰及安宁，也希望借此达到传承后代的重大使命。

近代科技方面不似古代总与宗教相冲突，如哥白尼和伽利略的学说就与教廷有相冲突之处，导致当时无法崭露头角，无法对世界做出贡献，多么令人可惜啊！不过，值得庆幸的是，现代的宗教与科技似乎相辅相成，不再有大规模的反抗及冲突发生，科技及宗教方面的进步与和谐，正是使人类文明向前迈步的力量。

当然过与不及都不好，适当地参与宗教活动，并有自我意识及想法才是最重要的，不要处处被宗教牵着鼻子走，千万不能被洗脑，做出违反社会秩序的肮脏事。

第18讲

我们的民族性可爱吗？

有些出众的高中生以后会成为各界的领袖或有深刻影响力的人物，所以在此讨论民族性（或国民性），因为这是未来领袖人格教育重要的一部分，高中时代就要培养，理由不言已明。民族性简言之就是民族的习性。由单一民族组成国家，它们的民族性也就是国民性，如大和民族之于日本。多民族融合的国家，则以最强势种族的文化为国民性之依据，譬如美国以盎格鲁撒克逊（Anglo-Saxon）文化（英、德）为主流，而非拉丁民族、斯拉夫族或北欧斯堪地那维亚族。盎格鲁撒克逊习性冷静、公正、有纪律、理性、不讲情面、有效率。也因如此，他们在近数百年进身为世界上最成功、实力最强的民族。

汉民族的民族性

中华民族由五十六支民族组成，多元而一体，但不可能"零距离"。实力就是王道，这是"社会达尔文主义"的自然法则。在这五十六支民族中，汉民族的文化最强，所以曾入主中国的满族、蒙族、鲜卑族也放弃自己的文化、语言文字，融入汉文化。国家是手段而非目的，创造文化的原动力是赋有天分的民族。

西方人预测21世纪是中国人的世纪。历史波动如正弦曲线，物极必反。如今以汉民族为主的中国大陆，已由次殖民地跃居为世界第三军事强国（次于美、俄），经济第二强国（次于美国）。西方经济学家估算十年内将进而与美国并列世界经济双雄，甚至超过美国。然而即使十年后中国如预期成为世界第一或第二经济强国，中国的核武可毁灭全世界，并不代表华人的素质提升到世界一流水平，能受到各国人民的尊重。

在这里我要以功利为主导的外在观点，而非以精神层面来探讨民族性，如此不致流于空洞口号。台湾与大陆隔绝六十年，产生若干差异，这种差异由旁观外国人眼中看来甚小。数十年与数千年的传统相比，到底是个小数目。如何提升两岸国民素质乃是大事。

中华民族的长处

中华民族的长处（不一定是优点）包括：

❀ 融合力强：汉人以实力，以高度发展的强势文化融合其他民族。

❀ 抗压性强：多次外国势力入侵，甚至造成极严重伤害，中华民族均能咬紧牙关坚持到底。例如对日八年抗战。

❀ 节俭及能吃苦：这世界有多少资源可供浪费？此次全球金融风暴中国大陆及台湾可能成为终极赢家或最小输家。

❀ 耐性：耐性就是毅力，就是"狠"。从做学问、职场、商场、到战场，胜利常属坚持到底者。抗战八年，最后日本惨败，中国惨胜。最初日军预计三个月征服中国。

❀ 柔顺及孝顺：柔顺是生之道。孝顺是一种美德，是百善之首。

❀ 爱好和平及和谐：欧美人曾在他们的殖民地大肆搜括长达数百年。而中国只要藩属进贡即可，绝少侵略之事实，甚至还在经济上援助臣属之国。几世纪来中国人大批移民东南亚，但中国的军队并未被派去驻扎在彼时尚不成型的弱国。此举可视为爱好和平及和谐，但也可视为中国人的缺点及失策——因为失去了殖民该地，取得廉价劳力及丰富资源的大好机会。如今21世纪殖民的方式不再是军事武力，而是经济及文化。

❀ 以自身文化为荣：自贬身价者最后沦为军事上、经济上、政治上或文化上的殖民地。任何一个强盛的民族如德意志或日本大和族，均在小学基础教育即强势教导儿童有荣誉感及自信心，自认是全世界最优秀的民族，以自身的文化为荣。

以上某些长处也可视为短处，请各位从另一种价值观，另一角度做考虑。

中华民族的缺点

我们的民族有不少缺点。民族性难改，但并非不能改。起码日本统治台湾五十年，英国人殖民香港及新加坡就曾改善华人习性。以下就笔者居住外国多年观察比较，列下我们的民族性缺点。

❀ 狡猾：也就是不诚实。诚实在西方及日本是极受重视的美德；在我国则常视狡猾为精明、有能力、了不起。当学生时作弊，工作时贪污，商场上不守信用，都是欧美日本看不起的欺骗行为。

❀ 肮脏及赌博：清洁代表勤奋，全世界高所得发达国家一律整洁。以国民所得，城镇市容、国民素质做衡量，中国尚是发展中国家，不能与发达国家相比。但与国民所得远低于我国的马来西亚或泰国相比，我们算是不整洁。谈到赌博，有一个欧洲人告诉我，他们认为"嗜好赌博是中国人的国民通病"（National Disease）。这种耗时耗神的室内运动会造成一个人的意志力薄弱，也是制造"东亚病夫"的重要原因之一。

❀ 缺乏群体感：日本人极注重个人在群体中的关系，这也引申出公德心及个人形象。西方人自古希腊传统即重视教养、卓越及秩序。中国人只重视家族生活，没有社会群体观念，所以有私德心而无公德心。表现在外，缺乏西方或日本的纪律、整洁、自制、礼节及公德心。这些外在形象也是一个人素质（Class）的一部分。

❀ 内斗及散沙：中国人不重视融入群体，内斗不断，对领导人物不服。与我们最接近的日本人就服从领导。但领导也要有遇事挺身而出，甚至以切腹表达负责的魄力，才能服人。

❀ 倾向索取（to take）而非给予（to give）：由学校及社会得到大利益，不肯回报。举例：绝大多数我国巨富都有本领不交遗产税，遑论大笔回馈社会。

❀ 缺乏优雅的举止：我国的家庭、学校及社会教育均注重功名利禄，未把教养列入。西方自古希腊以降，即重视教养（Arête），包括仪态、人文及科学的知识。

❀ "面子"问题：好面子令我们不愿面对及接受真相，进而延误进步。欧美及日本人不但不排斥接受外来文化，反而对吸收优质外来文化存感恩之心。

❀ 缺乏制度化的观念：除了法制有问题外，我们还有许多其他制度不健全，也就是陋习。比如"灰色收入"之所以有很大的争议，就是缺乏制度化。在台湾，一个主管数千上万员工的部长或县市长，月薪只有十几二十万，合理吗？许多财税制度及内线交易的管控、竞选过后剩余募款的处置等等，均须尽速制度化及合理化。更深一层探讨："新台中港"（新加坡地区、台湾地区、中国大陆、香港地区）同属中华民族，应开始共同商讨统一外文中译、度量衡、建材及工程规范、软件及计算机系统等等，以节省时间精力。这也是科学化、工商企业化及现代化的要素，与政治上的统一根本无关。中国大陆在走向现代化的过程中，尽量提拔脚踏实地、诚实、讲求制度化的工程出身人员担任最高阶层领导官员，其成效值得台湾重视及学习。

❀ 不认真，不精确，得过且过：这种"马马虎虎"的缺点影响创造力，也影响进步至巨。

❀ 缺乏创发精神：此点与日本相似。日本优质的科技产品如汽车、电视机、相机、计算机……营销全球，但没有一样重要科技产品是日本发明的，日本人只是善于模仿及改进。数百年来，更没有一样较重要的科技发现或人文社会学说，是中国人或日本人创造的。

❀ 缺乏美感及艺术感：由城市建设到家居布置，到个人修养，均缺乏艺术感，也就是"土"。汉唐时期的中国似乎不是如此。我们为何丧失了美的品赏力及创造力？

❀ 缺乏为对方着想：西方人以理性的态度处处为对方或社会着想，而不是自扫门前雪。先为对方着想，减少了磨擦，容忍易成事。为社会着想，健全了社会。为对方着想是做领袖的一项重要特质。一群世界各国人混在一起，常是美国人带头，不是只顾自己的中国人——这和儒家教育有关吗？

某些缺点在大陆比台湾更形严重。

以日本为借镜

我在此强调尽量学习先进国家，然而东方民族与欧美民情不同，很难照单全收，对欧美的取长，我们要以盎格鲁撒克逊文化（美、英、德）为主，困难度会相当大，但那也是最成功的一种。个人以为，我们要向曾侵略中国及统治台湾的日本人学习他们的纪律、整洁、诚实、礼节、荣誉感及公德心。1868年明治天皇亲率文武百官在紫辰正殿向天地、人民宣誓《五条御誓文》，文中郑重表明要上下一心，文武一体，"破除旧有之陋习，毋使人心懈怠，求知识于世界"，以大振皇国之基业。明治以"朕躬身先众而行，向天地神明宣誓，定斯国是"。明治维新不到三十八年，竟击败两个世界大国——中国（1895年甲午战争）及俄国（1905年日俄战争）。往深处看，这其实是日本国民素质及道德提升所缔造的胜利。

回 响

企业家要善用民族性

张人凤（福茂集团创办人及董事长）

我为了开发资源（主要是矿产）及创建集团中的

子公司，在国外住了很多年，与欧美人及亚洲人来往及斗争无算。我曾经脾气急躁、冒险（包括冒生命的危险）、自大、要求儿女们无限投入企业……明年92岁，现在温和多了，但还是常在飞机上过日子，并不想颐养天年——这就是中国人企业家勤朴及恒毅的精神，王永庆先生是个佐证。

"中国人是东方的犹太人。"这话根本不正确。虽然两个民族均讲求勤俭，重视家庭及教育，但中国人的抱负、作风及大同的思想全异于犹太人。我在商场多年，也看到中国人的大缺点，就是内斗不团结。为了竞争外国人的市场，不惜凶猛的自相残杀乃至两败俱伤。如何取得协调，甚或企业合并，而不是四分五裂的单打独斗，将是华人在世界市场上竞争的首要改进策略。

民族性中的缺点可能由时空转移而变成优点，相反亦然。中国南北习性不同，但只要有孔孟思想及大同的包容心，即可取得和谐及发扬优点。

民族性会不断发展变化

江简富

（麻省理工学院电机工程博士，现任台大电机系教授）

自有文字记载以来，开始出现较大规模的人群聚集，人群之间为了争夺资源而产生的冲突，规模也变得更大。个别的人群为了响应自然环境和其他人群的挑战，逐渐发展出自有的经济、社会、政治等制度；面对不确定的外在环境，为寻求内心抚慰而发展出宗教、文学、艺术、哲学等体系。生活在其中的人群遂逐渐以此为依托，互相依靠并形成一种普遍的性格。

合理的推想：这种普遍的性格在面对不同的外在挑战时，应会根据挑战的性质而做出不同的响应，并可能将这些响应内化（internalize）而成为其普遍性格的一部分。因此同一种族的不同人群在经历不同的发展历程后，可能发展出不同的普遍性格；不同种族的人群经历类似的发展历程也有可能发展出类似的普遍性格。

准则之缺失

王思尹（时为南京大学学生）

中华民族太重情，而这种情又建立在主观的亲疏关系之上，有别于社会契约的情。因为重情，本应成为社会基本准则的法律标准变得左摇右摆。各种钻空档、耍手段的事层出不穷，养成了中华民族缺乏准则的习惯，进而失去自控、责任心以及公德心，认为一切都是私交和情分。

中华民族亦是一个缺乏信仰的民族。缺乏信仰最可怕后果，就是心中缺乏一个准则。何为善恶，何为底线，一律不知。只循着情分和需求，肆意自己的行为，不知罪为何物。

于是就己陋见，中华民族的民族性中，最需要搬上台面讨论的，就是准则的建立。人情归人情，理性归理性，信任应该建立在社会契约之上，而非宗族邻里之情。此项准则置诸政治，是必须的，同样在法律、经济、劳务市场上亦是如此。人情有其必要，但不能因人情而蒙蔽了那一只理性的眼睛。毕竟单眼看世界，走路难免要摔倒。

第**19**讲

我们要如何培养国际观?

有几件事我要大家想一想：

★ 如果两岸都做问卷调查："我们该不该与台湾（或中国大陆）为敌？"大部分人的答案是什么？

★ 世界各国均在几个大国的势力范围之内，几乎无一幸免，重要对外决策一定要先经大国批准。台湾应在中、美、日、俄哪个势力范围之内？

★ 德意志、奥地利及大部分的瑞士均是德语系的日耳曼民族国家。他们的未来是合并还是继续三个国家？

★ 莎士比亚及普西尼（《蝴蝶夫人》、《杜兰朵公主》等歌剧作曲家）都以他们未去过的国家为背景创作，所以欧洲人曾有那么多殖民地也就不足为奇了。

国家的性质

国家（State）这个名词最近几百年才出来，一般认为始于意大利的马基维利《君王论》（The Prince）。国家是政治的组织，要素是土地、人民和主权，国家必须有武力作后盾，对内强制服从，对外维护主权独立。人们建立国家的目的就是为了保护生活、财产及自由。流亡政府不是国家，以前封建城邦也算不上国家，部落更不是。

国家有强有弱，疆域常改变，台湾及大陆在最近一百年都有过三次名称改变，甚至美国在20世纪还有阿拉斯加及夏威夷加入。国家可以是单一民族（配以其他少数民族），如中国、日本。也可能由数种不同民族组成，如比利时、南非、美国。近代的趋势是每个民族组成一个国家，这是因为民族有不同的血缘及文化。基本来说，民族的鉴定在乎血统、不在语言（或方言）。如果有个黑人篮球员加入台湾职业队，学会了一些中文，取得户籍，甚至投票给民进党或国民党，我们就说这个黑人是中国人，那是不可思议的。

一个民族分为数个国家，在时机成熟时有合并的趋向，如东西德、南北越、南北韩。如果不合并，这些国家常处于不稳定的政治状态，因为总是有强大的冀求合并的力量存在。国家如由不同的民族组成，则以文化最强势的民族为主。美国以盎格鲁撒克逊民族（英、德后裔）为主流，中国以汉族为主流。如果人种相近，又没有宗教上的严重差异，则由从流融入主流就轻而易举。而强势文化征服弱势文化乃天经地义。

国家的对外

人们为求自体利益而形成政治体的国家，这个政治体也易于演变为一个有组织、有效率的战争体，造成许多伤害及死亡。战争的目的如果是为了侵略，因为掠取了他国的土地、资源、劳力、资本，对发动战争的国家有利。内战则不值得一打，内战不可能是为了国家民族的利益而战，是为了争私利而战。最后就算赢了，也是输了。国家在强大之后，难免会成为军事上、经济上、政治上、文化上，甚至科技上的帝国主义者——这是自古人性之常，没有什么对错可言。

几百年来，许多沿海的中国人移民或前去东亚求发展，但是中国军队从未跟去驻扎这些彼时尚是落后之地，反而有锁国政策防止人民外移。后来英、法、葡、荷、西等国即以武力强据东南亚各地为殖民地，大肆搜括劳力及资源，对它们本国的富强有相当的影响。所以，个人认为中国一直没有一个强力有效的对外策略。

再谈到犹太人，所谓犹太人是宗教的结合，不是单一种族。数千年来，他们犹如政治上的游牧民族，部落性地在世界各地游荡，寄生在各种文化中。他们在以色列1948年建国前，没有一个强大的祖国作后盾，受尽了各国人的欺凌及白眼。如今强壮的以色列也开始欺负附近的邻居了。国与国之间的事，不是会议桌上能表决的，唯赖铁与血来做决定。国家是个政治组合体，也是个利益组合体。我列出以上事实，由你来下决定。

国际观的重要性

国际观与国家息息相关。国际观的重要性我们以日本为例。19世纪时日本已行锁国政策多年，美国海军培理提督在1853年强行叩关。15年后的1868年开始明治维新，日本不再视中国为模仿对象，而是竭力学习欧美。1871至1873年派遣一百多名官员、政府工作人员及留学生组成"岩仓使节团",作长达21个月的欧美考察学习,回来后这些官员的权位居然都还在。这种考察就是扩展官员的国际观。1895及1905年日本在明治维新不到37年间分别击败中国及俄国两大世界强国。

如今世界在缩小,经济发展需要世界性的吞吐整合,国际观更形重要。它绝不是抽象的观念,而是国家赖以生存发达所需要的眼界及知识。对外国及世界知道越多,交往也越容易。在这里我要指出因国势不同,国际观应从不同方面着眼,大国如美国及中国大陆应从称雄世界着眼,小国顾不了那么多,主要精力还应放在经济提升上。国际观是对其他重要或有关国家全面的了解,包括文化、政治、社会、民俗、心态……也是对世界整体情势及未来走向的了解。在这里我还要提到,我们与欧美国情及文化不同,这牵涉到两千年的儒家传统及道佛文化。所以欧美式的民主及自由制度无法照单全收,得先做人性改造,即使人性改造也非一蹴可及。我们应该深入观察日本,因日本与我们极相似,而他们成功了。

日本及武士道精神

近百年来中国与日本关系纠缠复杂,即使藕断,仍然丝连。所以我要特别谈谈日本及日本立国的武士道精神。基本上武士道(Boshido或Samurai Code of Chivalry)大概始于12世纪左右的镰仓幕府,后经江户时代吸收中国的儒家思想、孔孟之道,及由中国传入的佛教思想,加上日本本土的神道教思想汇成。武士(Samurai)阶层透过幕府统治日本达700年以上。直到1868年明治维新彻底瓦解了幕藩体制,"武士"才被解除正式职位。虽然明治维新是一场不流血的成功革命，然而武士道的精神仍然存在于企业界、官府、军队、甚至学术机构。武士道并非只是打打杀杀，因为字面"武士"二字，令外国人以为如此。

武士道的精神除忠诚外，还包括廉洁、奉献、朴实、荣誉、正直、礼节（他们尊重礼仪端庄的教养），这和西方中世纪的骑士规章相近。日本人深感武士道是一种对死的觉悟，它的境界不是生存，而是死亡。武士最理想的归宿是战死沙场或切腹自杀，不是终老田园。一般国家以猛兽或凶鹰代表武士，日本是以娇美的樱花来比喻武士。樱花最美并非盛开之际，而是凋零之时。樱花花季不长，凋零时一夜之间满山樱花落地殆尽，没有一朵留恋枝头，如同日本武士崇尚的瞬间达到人生最高境界，旋即毫无留恋地了结自己的生命。

武士治国是一个彻底的男性社会。男性本位传统在明治维新及二战日本投降后有所改变，女性的家庭地位进步良多，但社会地位和西方各国相比仍相去甚远，起码就业机会及升迁就远逊于男子。我的妻子曾任美国一石化公司副总裁，五六年前应邀为一新建日本油轮下水剪彩（日人称"支钢切断"）。她大概是第一位为日本船只剪彩的华人女性，他们对她倒是优礼有加，颇为殷勤。可能她是讲英文，代表西方人的公司，否则……

明治维新后武士职衔及待遇解除。然而许多武士及武士后代进入企业界（工业及军火）、金融界（如三井三菱等大财团），他们仍然抱持武士道的忠心、认真、荣誉作风，也就是武士精神逐渐渗透到民间。他们忠于公司，工作认真努力，以公司为荣，所以制造的货品质量优异，营销全球。而日本拥有强大军力能发动二战，战败后又迅速恢复，就是背后坚苦卓绝的武士道精神。

日本的文官系统也深受武士道影响，政府官员自动加班，任劳任怨，有为国家社会牺牲小我的精神。那种奉献及服务决不是吃公家大锅饭、住养老院、混日子。实际上许多二战前的文官都是武士家庭出身。所以武士道是一种精神，不是局限在比武范围。

日本长期大量吸收当时已臻成熟的中国文化，乃因地理上距离中国近，而且彼时日本尚呈未开发状态。但明治维新后，日本立即转而全面吸收西方文化及科技，大思想家福泽谕吉的"脱亚论"甚至主张脱离落伍的亚洲，谢绝与"恶友"清王朝、朝鲜交流。基本上中国是一个平民儒教国家，科举制度造就精通诗文的官僚，他们反对西方科学；而日本是一个军事儒教国家，因对武器感兴趣，转而对西方的科技感兴趣。武士道不但是思想信仰，也是实践原则；中国士大夫的"以天下为己任"似是茫无目的的口号。尤其，日本人做事态度严肃、认真，甚至"神圣"。我们中国人常是散漫、马虎地做事。而且中国人一盘散沙，内斗而疏于外斗，更是被日人看穿。

日本国民因有跨越七八百年的武士道长期背景，军国主义向外侵略的色彩一定长存，不可能卸装，而侵略对象即是邻国中、韩、俄。日本人虽崇尚中华文化，却认为中国人（包括台湾人）是劣等民族，统治台湾五十年更是对台湾人歧视压迫至极。有些台湾人因看到日本的优点而对其抱持幻想，以为可被视为日本国民，甚至宣称钓鱼岛属日本领土，这种心态值得深入探讨。因为血缘及语言文字的相异，即使向日本谄媚表态，也被日本人鄙视看不起，他们不可能视一个台湾人为日本国民。一个人要自重，才会被人尊重。台湾前领导人李登辉君以一介平民，深受国民党及台湾政府长期大力栽培，名利双收。后任期届满，遂背弃国民党及政府，另起炉灶。李君多年来一再赞扬日本武士道精神，甚至出书歌颂，但背离有大恩于他的国民党及台湾政府，给台湾青年立下忘恩负义的榜样，按照武士道基本规范，丧失忠诚之心，似应切腹谢罪——这是我个人初步想法。当然，也许有些事另有内情，我没看清楚，愿李君有以教我。

20世纪以后，日本一直希望将西方势力（以英、美、荷、法为主）驱逐出亚洲，它没有与中国结合，因为彼时中国太弱，而且中国对美国极为友善。今日中国已成为强盛的国家，导弹及潜艇更是世界一流，日本必须在对外政策上作大幅度调整，认清亚洲的形势，否则后果不堪设想。我并不迷信武力，但实力即是王道，所有亚洲国家，不管喜不喜欢，都要学习与中国相处之道。

有些国人把日本人与军阀分开，那是对日人好意。但这里要指出，发动战争是全体日本人的共同意志，这里也非鼓励中国对日本进行侵略战争。实际上，我们更不能不学习日本，由中汲取知识及教训，而不是情绪化的排斥及回避——明治以前他们是学我们的，现在反过来我们得学他们。

国际观的培养

国际观越早开始培养越好，当然也要有社会教育的媒体配合。我建议以下几点供各位同学及家长作参考：

首先要减少网上、电视上、报纸上娱乐新闻的阅读。因为这些对人无长进，重复地看就是浪费时间精力。要多注意国际新闻及外国人文、社会、科技的报导，甚至上英语频道如CNN。

因为英语是世界语，为加强英文训练，多上英语网站，多看世界各国电影以了解洋俗。国际观不一定要由宏观开始，而是要由小观大，由小处培养起。然而，请同学注意，国际观并不是只有美国。

此外，与出过国及在国外生活过的人聊天，轻松的聊天中你会获得许多国外知识。我再建议起码找一本中文的介绍整体外国文学的入门书来阅读。因为文学反映时代、民俗及社会民情。

你看看我写的国家观及国际观有多大的不同，一个如此硬性，一个如此软性。为什么？你告诉我。

回响

有正确的世界观才能不受骗

Mike Cooper（美商、DBS公司常务董事及营销经理）

夏博士对于"一个国家的形成与存在"的理由与意义的描述大体上来讲是正确的，不过我觉得仍缺乏一个重要的观点。那观点就是强人的崛起，不论是军事、政治或有时宗教上的。

军事强人擅长于展现或夺取权力时唆使冲突，进而获得更多的私人力量。

政治或宗教领袖则通常追求制造对立与夸大两方的差异。这些对立可以是国与国之间，也可以是一国内的纷争，不过背后的用意永远都是一样的——那就是博得人民的支持和获得民众的力量。

基于如此,一个受过教育的人必须懂得认清这种常由情绪性理由制造纷乱的行为,并拒绝跟随这些所谓的领袖。

这种人物在美国的近史上有不少出现的例子。譬如在越战期间、民权运动时或是现在的伊拉克占领时期。往往在这种情况时,都是由学生站出来质疑这些政治领袖的动机进而逼迫其做出改变。

培养国际观,夏博士所提供的建议是正确的。现在学生了解一个更广大眼界的机会是前所未有的。不过,真正的挑战反而是学生如何运用这些工具,不仅因此为自己争取更好的生活,而更为全人类创造一个更好更和平的世界。这都需要由了解和包容做起,当你对其他文化或人们了解更多时,你就更能感受到大家的目标都是一样的——为自己和家人取得更好的生活。

请不要错失这个成为世界公民的机会——这可能是我们所有人最后一次机会了,加油!

培养国际观之实用秘笈

李彦甫(台湾《联合报》系联合线上股份有限公司总经理)

....

最基本的方法:媒体是取得资讯的最快方式,以报纸为例,国际新闻每天都至少有固定版面。如果认为翻报纸太麻烦，也可以考虑用网络，例如google有《新闻快讯》。

最简单的方法：俗话说："没知识也要有常识，没常识也要常看电视。"这话虽是揶揄，但以今日而言，反而有三分道理。看电视，倒成为吸收国际资讯最简单的方法。国内电视台的国际新闻比较依赖外电画面及报道，多数只是编译，目前较少自行制作的国际专题。对英文有自信的同学可以尝试CNN。

最浪漫的方法：除了爱情，旅行可能是很多人最觉得浪漫之事。如果能走遍天下，加上用心，自然也就可以提高国际观。只是，多数人都不能有钱有闲，因此，有效的旅行便显得重要了。

最取巧的方法：上网看别人的出国考察报告。有些出国考察报告看来是很认真写完的，也有些挺搞笑的，根本像是游记，甚至是网上剪剪贴贴的，但即使如此，有人帮忙整理了各种资讯，也算是一种功德。

最实际的方法：如果要考虑与升学结合，在选择大学学校科系之前，不妨深入打听，未来是否有成为国际交换学生的机会：部分校系还规定学生，必须在交换学校取得一定的学分，这也是强迫自我提升国际观的方式之一。

附录1
城南少年游（节选）

　　我的母亲是台湾人，日据时代随外祖父和外祖母由台湾迁往中国大陆，她的"城南旧事"在北京。我出生于北京，却是在台湾长大，我的城南旧事在台北。

　　在实施九年义务教育之前，初中和小学代表着两个不同的世界，一个在门外，一个在门里，中间隔着一道联考的窄门。然而，初中又似乎是高小的延续，尤其建中（当时还有初中）和国语实小只是一墙之隔，两边的校长都是河北人，两个学校都采自由式的教学与管理。

　　考上建中，在家里看来是理所当然，我得到一支美国制的自来水笔作奖赏（好像还有一双皮鞋）。

　　这种兴奋立刻被新的困惑冲淡——来自全市各学校不同家庭背景的新面孔；每个课目不同口音、年龄参差不齐的教员；操着河北乡音，和我们有严重代沟的导师；还有那些怎么念都念不出的、要命的英文；更具威胁性的是班上居然有近十个高头大马的留级生。

隔壁王家的两个孩子，老大念建中高三，是个从不运动、永远考第一的大头（现在是"中央研究院院士"，加州大学医学院教授）。老二小方刚考上建中高一，玩的门坎样样精通。顺理成章，我和小方变成了好朋友。虽然说不上什么"生死哥儿们"，却也在一起泡了三年，直到我考入建国高中，他也考入台大电机系。但是建中的老师都说他是运气好，瞎蒙上台大的。

小方虽然从来没连过庄，功课却一直不出色，可能和他哥哥一样，真正的兴趣不在理工，但是在那种环境的压力下，又不得不如此。以后他虽在美国一流的大学任电机系教授，却弃教职去拍电影。《北京故事》（The Great Wall）一片让他在美国成为家喻户晓的人物。他也是世界上唯一拥有电机工程博士学位的导演和电影明星。（编者注：小方即《北京故事》导演王正方。）

小方对我的功课并无帮助，如果有，那就是英文。我和大多数初学英文的孩子一样，无法念出奇奇怪怪的字母组合出的生字。小方在课本上替我写出中文或注音符号发音。譬如星期一到星期六是蒙台，吐丝台，瓦斯台，奢侈台，弗来台和杀得台，然后再加一个逊台。他最大的一次手笔是替我把整课英文注为中文。第二天上课，凶悍的英文老师把我们一个个叫起来念，然后骂，然后罚站。到了我时，我满怀信心，大声而流利地把全课用中文发音念完，然后从容不迫地自动坐下。英文老师呆若木鸡地站在那里，张大了嘴望我。一句话也说不出。那种腔调，我想她只差没昏倒在讲堂上。

我勉勉强强地升入初二，和附近几条巷子的孩子开始有较多的来往，晚饭后在街上闲荡聊天的时间显著地增加。这些孩子家庭背景和就读的中学都不一样。即使年龄上相差不过一两岁，有些已经发育，"懂得的事不少"。有些还是懵懵懂懂，和小学生差不了多少。

我们在街上常看到一个中年的女人从一条巷子走出来，身材略胖，穿着露臂膀的碎花旗袍、高跟鞋。她的脸我从未仔细注意过，只记得眼圈是青黑色，神情相当疲惫，永远一副懒洋洋的姿态。有个年纪较大的孩子问我们知不知道为什么那个女人眼圈是黑的，没有人答得出。于是他压低了嗓门儿，很神秘的告诉我们："这个女人因为'纵欲过度'，所以眼圈是黑的！"听到这种似懂非懂的名词确是惊骇，虽未再深究，却也赶紧奔走相告。以后再见到她走过。总有小孩会皱着眉头很严肃，很权威的来上一句："这个女人因为'纵欲过度'……"。其他小孩也会严肃的点头表示同意。

在街上闲荡的原因，是青少年时期逐渐开始独立自主的生活，朋友变得重要。那时候台北的人以脚踏车和三轮车代步，站在街上没有被汽车辗过的危机。另外一个原因是正值发育时期，随着生理的变化，展开在面前的是一个崭新的世界。在家里，这是个隐秘的内心世界，于是必须要到街上去和狐群狗党交换情报和心得。情报的内容，大概不出爱情和性。

有一年宝斗里大拜拜，我大概是念初二，班上有个年龄较大的同学就住在那附近，邀了我们一批同学去"开开眼界"。虽然后来没有胆子去成，却也在他家大嚼了一顿。他的父母在三楼给我们开了两桌酒席，每个人都喝了一点儿酒。酒后决议每人轮流说出心里最仰慕的女孩子。班上两位比邻而居的同学，一致透露他们最欣赏的是对面裁缝店里的一个念初中的女少东。这件事在课室里曾经喧嚷过一阵子，两个人也躲躲闪闪、守口如瓶地过了一年，任凭其他同学怎么套也套不出来。那次真相大白，足足让我们消遣到初中毕业为止。这种微不足道的事在当时为什么会那么重要，我想应和青春期男孩的心理状态有关。

那天晚上我招认的是一个白衣黑裙的中山女中（当时也有初中）学生。我曾在初三那年骑脚踏车跟过她一阵子，并没胆子真凑上去过。她是个漂亮又出名的女孩，虽然初三寒假过后从未再见过她，一直到高中、大学还常听到她的点点滴滴；她是属于学生界的四大名女人之一。多年以后，在国外某一社交场合又遇见她，经人介绍之后，面对眼前这个痴肥的欧巴桑，还有她身旁面目可憎的丈夫，顿时有人生如幻之感。

读初中那个年龄，如果对某女生有意，是绝对没有胆子上去约的，顶多写信。写信也有危险，可能被对方家长抄到。第一封信大多是称某某同学（实际上并不同校），然后写些无关痛痒的话。接下去大概是互勉努力读书一类的小型八股。最后是敬祝"学安"：这两个字是在尺牍上或小学国语课本上抄来的。这种信多半是单行道，但是居然也有人接到过回信，而且还鱼雁往返数回合。于是接信的人固然寝食难安，周围的亲密战友也被弄得茶饭不思。但是往往略有起色的时候，对方忽然来了一封哀的美敦书，大意跟第一封里的"学安"有关，即大家年龄还小，为了不负父母期望，所以要"努力读书"，不必再继续通信了。

本来这种事该就此打住，少女的心捉摸不定，而长满了青春痘的少男，其实面皮比纸还薄。要命的是有些回信里居然有"请原谅我的苦衷"这种话，大家分析之后，一致认为是"好词儿！好词儿！"

应该继续干下去！起哄的和出招儿的尽管口沫横飞。写信的少年却是比维特还烦恼，一副流水落花春去也的表情。此类韵事下场如何，是可想而知了。

不成熟的性教育，使得"生理卫生"在我们心目中有一层神秘和嬉乐的色彩，恰巧生理卫生教员又是个年轻的女老师，这下子上课可就有得瞧了。上那节课时，台上的老师吞吞吐吐地叙述，台下则低着头窃笑。居然还有大胆的同学举手发问，老师就涨红了脸回答。好不容易挨过去了，我在旁边又鼓动他："再问！再问她一个问题！"于是发问的同学再度举手，皱着眉头，满脸严肃不解的表情："老师，我还是不太懂……"

开始长须毛的同学，也变成了注意和取笑的焦点。传闻是拔了以后就不会再长，于是他们就偷偷地用指甲尖拔胡子。后来又有人说，听大人说拔胡子会"倒阳"，就没有人敢再拔了。也有人用冷茶泡便当吃，后来有个从中坜通学来的客家籍同学说，隔夜的茶会使男人产生"下消"的现象，新理论着实又吓坏了不少人。

开了学才发现体格已在加速成长中，兴趣也逐渐由孩童的游戏转移到体育上。几个巷子的初中生合组了一支篮球队。由有限的零用钱居然挤出一套球衣球裤来，参加自由杯少年组。队名几经折冲，最后定名为富有诗情画意的"晓星队"，意为清晨挂在天边的星星，充分地反映了少年时期罗曼蒂克的心态。

"晓星队"打了几场，似乎是全军尽没。事后检讨并不认为是技不如人，而是名字取坏了。"晓星"与"小星"同音，就是别人的姨太太！

游泳是另一项热门的运动。由重庆南路三段南行，穿过横七竖八的一堆巷子，再经萤桥火车站和厦门街，就到了旧称川端桥的中正桥。桥下淡水河缓缓流过。徐钟佩女士在《我在台北及其它》一书中对四周的田园景色曾有过刻意的描述：夕阳践步桥上，堤边白鹅引颈，牛儿啃草，犬吠偶传，还有几个花裙女孩在清澈缓流的河边洗衣濯足（如今淡水河因为污染而被易名为黑龙江）。但是徐女士忘记了，河中还有我们这一群载浮载沉的青少年哩。

当年桥下游沙洲上（也就是如今填平的青年公园）有个商办的萤桥游泳场。但是为了省入场费，我们都在毫无安全设施的上游戏水。河水被采砂石的船挖了许多洞，每年总有一些孩子和年轻人没顶。大部分的家庭严禁孩子去桥下游泳，父母检查孩子有没有偷偷去过的方法是用指尖在手臂上划一道，如果有明显的白线出现，那就是刚刚游过水不久。

我曾偷偷带斜对面巷子念小学的三兄妹去玩过一次水，约好回家不准说开来，但是还是轻易地被套了出来，三兄妹面对窗口罚跪一小时，竹篱外大批小孩扒缝看热闹。

那个老二几年后在省运泳赛中大放光彩。

念小学时，我也曾和几个年长的孩子去萤桥钓鱼。我没钓杆，也不会钓鱼，他们分配给我的工作是用手指把蚯蚓捏成一小段一小段给他们作钓饵。他们尽兴之后才借杆子让我玩玩，以后我就不去了。

也有一年冬天，有一天反常地热，我和小方忍不住相偕游到沙洲上挖竹笋。玩昏了头，回程时天色已暗，气温下降，我在冰冷的河水中竟因肌肉收缩而小腿抽筋，即使忍痛奋力向岸边游，仍然连喝了好几口水，身子下沉，没命地挣扎，我以为这下是完了，没想到脚下忽然胡乱地踢到一块软绵绵的东西——原来是河底烂泥。我站了起来，水面刚好到下巴。小命是捡回来了。

早期的建中在贺校长领导下采取宽松的教学政策，可能是考进的学生素质高，有恃无恐之故。贺校长在抗战时期做过敌后地下工作，也曾任河北省教育厅长，所以建中的教员以河北人为多。教员宿舍就在校内日本人留下的剑道场，号称"河北大院"。

河北大院里住着一位单身的外国历史教员王老师，身量矮小，秃头，两眼炯炯发光直逼着你，什么鬼花样都别想逃得过。我们从来没捉弄到他，倒是有时被他捉弄到。记得第一次小考因为准备不及，全班覆没。王老师发布分数之前先声明全班都考得很糟，很令人失望，"但是有一位同学考得很不错，他考了九十分，他的名字叫……"当他念出我的名字时，我几乎昏倒，自己心里有数，实在很难相信有九十分，但是既然老师这样讲，也就很高兴，有点意外之财的感觉。他说完在黑板上写了阿拉伯数字100，然后接着说："九十分就是一百分减十分。"说完用板擦抹去"10"留下一个"0"字。然后他指着我大声说，"这就是你的分数！"

王老师脸上从无笑容，说话干脆利落，句句击中靶心。教课更是条理分明，把要说的全都推销到你脑子里，没有任何杂枝旁节。他没有文科教员轻松浪漫的特性，倒有点像后来我在以效率着重的美国大学工学院里遇见的教授。这样也好，起码这一科高中联考可以让我们轻松些。但是在敬畏之外，大家对他的严峻和不通人情也颇为反感，另外一个原因可能是建高中生重理工、轻文法，这中间有复杂的社会因素和影响。

就这样，在抱怨、紧张和饱受威胁的状态下度过了一年。

外国历史接近尾声，有几节课是讲授二次大战的中日战史部分。前两节课王老师一如往常，清晰地交代了中日之间的历史关系和战争的进度，第三节课却发生了不同寻常的景象。

进了乱哄哄的教室后，我们才发现门窗外站满了高中生，这些高中生彼时几乎全毕业于建中初中部。我们觉得很奇怪，但是阂于习惯，也没人问他们站在窗外干什么。

老师开始上课后不久就导入正题，宣布这节课是专门讲述南京大屠杀！他要我们永志不忘这个近代中国历史上的悲剧。

王老师生动地描述了日军在攻破首都南京城后那几天的活动，困苦无助的中国人在装备优良、斗志旺盛的日军刺刀下零星或整批的被凌辱屠杀，秦淮河、扬子江上浮尸处处，江水染成国旗的鲜红色。那一代的人曾度过一个凄惨无告的年代，一个饥饿血腥的年代，一个溃败羞辱的年代。他们的心境，又岂是我们这群在风和日丽的台湾成长的孩子所能了解的。但是，我们也深深地被王老师回荡在教室中的悲壮声调所震撼，全场屏住气息，鸦雀无声。转眼窗外，来重温这节课的高中生也一个个神情肃穆。

王老师说着说着突然停顿下来，喉间重重地咽了一口口水，努力地忍住即将夺眶而出的泪水，他背过身去，无意识地低首用板擦在黑板上轻划，良久不能转身面对我们，坐在前排一个眷村的同学，已泣不成声。

就在那一刻，王老师平时在我们心目中冷酷无情严厉的感觉一扫而空；我们从未和他如此接近过。

多少年后，建中校友在海外话旧时，也会念念不忘提到这著名的一课。前两年和建中同学某君重提此事，他当年念的是最好的一班，班上同学有多位直升保送台大医科和工学院。他告诉我他印象最深刻的是当王老师转身低首不能自已时，班上两个优等生却在窃窃私笑，看这个道貌岸然的老师居然也有失态动情的一天……

这使我想到，知识教育和人格教育究竟孰重孰轻？我亦好奇：那两个优等生究竟后来成为社会中坚，还是人精之精？

念感师恩，天长地久，别师今泪涔涔，前途茫茫，何时相见，相见今在何方……

骊歌声中，我告别了如梦的年华，欢乐的笑声，步向另一段落英缤纷的启程。人生本多聚散，那些曾是相识的人物，一个个从舞台上消失，多少年后，却又乘着云雀歌声的翅膀，栩栩如生的回来。

我走过城南的大街小巷，我走过我少年的欢笑与迷惘。台北的城南，城南的台北，那些浮光掠影，遥远而亲近，熟悉而陌生。他们在我四周飞旋，久久不去。于是，我想，我要把它们写下来，写在我多雨的窗前，写在我庭院的深处。

附录2

我的高中生活

　　刚一跨进大门，我就想，这下子又有三年好日子可以过了。

　　在我看来，经常逃课偶尔补考是为学一大乐趣，所以深自庆幸考入这所功课松，但是联考成绩冠于全省的中学。

　　高一那年，我们班上的体育先生姓车，生物先生姓马，国文先生姓包，合称为"车马包"。国文先生最不喜欢我，因为第一次作文，题目是《我的志愿》，我要做一个科学工作者，借题也把孔夫子骂了一顿。班上许多同学都以"人若无志，就像无舵之舟一样在大海里漂荡"为起始。国文先生第二次上课时说："贵班可以组织一个航海俱乐部。"说完叫我起来背《四书》，我很坦白地告诉他我不会。他说："我早就知道你不会背了。"以后他常叫我起来背书，我都背不出。有一次背《出师表》，他先叫了四个同学，都是背第四段，所以我也临阵磨枪，在这时候把第四段背下来。但是当他叫到我，忽然改成第一段，于是我告诉他，我不会背第一段，但是会背第四段。他说这事很奇怪，他教了这么多年书，从来没遇到过这种情形。

我在班上不能算是高个子，但我喜欢坐在后面。每个新学期开始排座位，就和有近视眼的高个子换座位，先换到最后一排，再换到最旁边的那个角上。我这样换是有原因的：第一，天高皇帝远，我喜欢听课就听课，不喜欢听就在后面看小说、打盹，和邻居小声聊天。第二，我可以靠在墙壁上，随时改换姿势。高一上我坐在右后角，高一下换到左后角。国文先生第一天来上课，第一句话就说："现在我要看看各位的面孔，隔了一个寒假，可能有许多同学我都忘记了。"说完向全班扫射，他盯住右后角看了很久，像是在找什么东西。然后又慢慢由右后角扫到左后角——他终于发现了我。他以一种温和而亲切的声音说："不过，有些同学我是永远不会忘记的。"我向他点点头，他也向我点点头。

在所有的科目里，我对本国历史最感头痛，因为在我看来，所有人的名字差不多，而且我很容易把中国的年代和公元搅混。但是有一个年代我记得很清楚，晋穆帝永和十年，公元355年，桓温大破秦兵。前者是我的存车牌号码，后者是我的蒸便当号码。很可惜，这个年代从来没考过。

有一次期考，我很怕历史不及格。所以带了一张小抄上考场（也有些同学把重要年代抄在手上，我们分别依各同学之姓名而尊称为"吴抄手"、"李抄手"、"张抄手"）。结果交卷时慌慌张张地把小抄夹在考卷里一起交上去。回去以后，遍翻口袋不见，我想，这下子可砸锅了。寒假里每天到布告栏去等榜，但是记过的名单公布，我却榜上无名。不知是历史先生大请客，还是那张小抄从考卷里滑了出来，这一点我一直想不通。

高中刚毕业换下校服。

高中毕业的暑假被青年战斗
训练营选入蛙人队。

高一暑假接受岩石攀登训练。

　　我们在二年级有一个重大的发现，植物园的历史博物馆和国立科学馆有许多女学生担任管理员，于是每天中午吃饭，就三五成群地花一块钱到那儿参观艺术品科学仪器。我有一次连去了七天，我的同学连去了二十七天，他说他喜欢艺术品。有一个女学生长得很漂亮，我们每次都问她叫什么名字，她始终不肯讲，我们都很生气。

　　高二时国文老师上作文课出了一个花招，要我们每人写一篇小说。大家就以看那个不顺眼为主角，编造写一些丑事。施兄写的是我的丑事（其实我也没什么大不了的事）。另有一个同学以我为主角，写我英雄救美之事。我虽不胆小，但也不是英雄之类的人物，如何"救美"？"美"又是谁？此事大可商榷。无论如何，我还是很高兴。

　　我们的导师是一个心地善良的人，他不太拘泥于形式，一再强调学生应该随其个性发展，这一席话曾经赢得如雷掌声。他的宿舍就在我们教室旁边，每次他的女朋友一来，他就把窗户放下，门关紧，我们发现了，立刻跑过去敲门，在外面喊："老师，请假，要请假！"

　　我早上常爬不起来，所以也很少去上朝会，每次记半小时旷课。旷课多了，管理员就要找我去谈话。她是一位慈祥和善的女士，常喜欢穿深色的旗袍，我以一种很低沉的声音告诉她，我每天读书到深夜，家住得很远，要转好几次公共汽车，所以无法赶上朝会，她听了很同情，所以我也一直能在这所学校念下去。

　　我们学校的学生有赶教员的毛病，所以在我高中三年中所遇到的教员，都是台北市第一流的。但是高三来了一位物理先生，大家却不满意。他曾被赶两次，但是到我们那年赶不掉，因为教务主任把我们压住了。其实他学问很好，只是口才太差，而且以前一直教初中理化，所以经验不够。有一位同学喜欢和他辩论，物理先生不是他对手，上课时常搞得很僵。不久物理先生出国，我们级会讨论了很久，决定不了要送他什么东西。有人提议以剩余班费请他到鹿鸣春鸭子楼吃一顿，全体级会干事作陪，不敷之数由物理先生垫付；也有人提议厉行战时生活，送支伟佛笔意思意思算了。最后还是决定送他一本字典（这件事意思可大了）。临行那天班长把字典送上，好辩的同学（后来考上台大医科）和一位橄榄球员去看他，向他表示歉意，物理先生连声说："这里环境不太好，环境不太好！"看样子他在我们班上是吃了不少苦头。

附录3

白门，再见！

　　每天上学，总要经过一扇白门，它曾带给我们喜悦，也曾带给我们痛苦，带给我们希望，也带给我们幻灭。

　　那年夏天，我们刚考进高中，功课轻松，心情愉快，很快，大家就混熟了。我们大多是同校初中毕业的学生，每天的话题不外是初中的那些老笑话、电影、学校里的运动员和一些莫名其妙的社会新闻。渐渐，也有人提到那扇白门……

　　白门坐落在学校旁门的那条街上，它是一幢精致的日式房子。从街上，可以看到门内的庭院里有几株榕树遮着日光。日式房子不高，也不宽，但是粉刷得很漂亮，倒也显出一点儿气派。白门面向东方，漆得很亮，把淡红的木条完全遮蔽，早上太阳射在白门上，反射出来，给人一种平静和蔼的感觉。

　　这扇白门是这条街上唯一的一扇白门。事实上，走遍台北市的大街小巷，也难得发现几户人家有白色的大门——尤其是漆得那么光亮的白门。我们上学大多要经过这条街，所以街上的动静，两旁的建筑难免要进入话题。像大多数的高中生一样，我们都是骑车上学的，每个人经过那扇白门，总像经过阅兵台一样望一望。

实际上，我们所注意的，并不是那扇白门，也不是那幢日式房子，更不是那几株榕树，而是一个住在白门里的——女孩子。

这个女孩子并不很漂亮，瘦瘦小小的，颈子有点儿长，留着当时中学女生最流行的赫本头。但是她的眼睛很大，颊上有两点浅浅的酒涡，皮肤白净，衣服也整洁。可说气质相当好。每天早上七点钟，她准时由白门里跨出来，肩着一只黑书包去上课，由她的制服，我们可以知道她是女中高一的学生。

我们是个男校，除了教职员以外，学校看不到女性，更别说女孩子了。当时大家刚入高中，所以也没有人交过女朋友。每天早上上学要遇到这么一个可爱的女孩子，当然课后难免要谈一谈了。那时大家都对"密司"很感兴趣，所以搞到后来，每天都要谈白门里的女孩子。大家也不知道她姓什么叫什么，所以就都叫她"白门"。

"白门"不是我们班上的专利，高一几班的学生都在谈她。但是据我们所知，高二、高三的同学并不对她太感兴趣。甚至有些高班同学根本不知道有这么美妙的一个女孩子，多少使我们有点失望。

这一年平平淡淡的过去。暑假来了，我们不再上课，不再经过那条街，也不再遇见"白门"。有时同学小聚，没有人提到她，似乎是把她忘了。

开学以后，大家又见了面，每天早上又要经过那条街，所以"白门"又开始活跃在我们心中。

校内举行篮球锦标赛。这次一反往例，不采班级对抗的方法，而是由同学任意组队。于是各种怪名的球队纷纷组成，比方"乌龟队"、"骷髅队"、"老母鸡队"、"联合国队"等等。我们几个虽然不太会打篮球，但却是好事之徒，看看盛会当前，不免也想凑凑热闹、应应景。于是我们也组了一个球队，决定取一个更有趣的队名，想来想去，最后"大嘴"提出以"白门"作队名，立刻获得一致热烈通过。于是"白门队"正式成立，并且还在开服装厂的小赵家作了一批球衣球裤。球衣是灰底红边，前面贴着"白门"两个大字。星期六下午，我们全体到球场上练球，球衣很俗气，球技又不高明，所以当场就有人提出抗议，认为我们没有资格以"白门"为队名。

第一场比赛是对"乌龟"队，决定在星期四下午第二节课举行。有人提议请"白门"亲自来主持开球，但是从来没有人和她讲过话，所以此议也就作罢。星期四那天，来看球的人很多，尤其是高二的同学慕"白门"之名而来的更是不计其数。

比赛相当凄惨，我们以九比六十六输给"乌龟"队，全队一共吃了四十三只火锅，小赵把脚踝扭伤，老钱内八字脚自己绊了自己，一个狗吃屎掉了两颗门牙。

"白门"队虽然惨败，但是"白门"的风头却更盛。历史课，先生讲到清朝"洪门"影响力之大和在海外组织的广泛，当时有人在下面说"白门"的影响力可能更大。有一次我们在和平东路看到一家"白门鞋店"，结果不少人还去订做皮鞋，那老板可能莫名其妙，这一辈子没交过这么好的运。

"小条"是本班的作弊大王，他脑筋快，行动鬼祟，发明了各种作弊方法。但是成功的机会不多，曾经伏法三次，前前后后记了一个大过，四个小过。"小条"是本班第一个向"白门"采取行动的人。

有一天，他忽然没骑脚踏车，徒步上学，据说是链条断了。但是接连一星期他都没把车修好，于是大家知道这里面一定大有文章。有一天到底是拆穿了，有人看见他在拐弯处做等待状，"白门"一经过，他马上凑上去鬼缠，但是"白门"昂头而行，毫不理睬。当天这条新闻立刻传遍，"小条"被攻击得体无完肤。大家一致认为"小条"太失本班尊严，尤其是和"小条"势不两立的"夫子"，更对他痛加挞伐，认为这种举动"太无聊了！太无聊了！""小条"终于"认错"、"悔过"，保证以后行动一定公开，一定光明正大。"夫子"还坚持他写一张"悔过书"贴在阅报栏，但也有人给他打气，希望他再接再厉，有情人终成眷属。

"夫子"素以道貌岸然著称，有一次，我们旅行碧潭，恰遇某女中的同学也在那里游玩。际此美不胜收之时，"夫子"居然目不斜视。事后引起一致的赞叹，有人还在级会上表扬他。"夫子"分析"小条"的行动，认为是世风日下，人心不古的一个例证，而"小条"受了爱情电影和言情小说的影响，才会造成此一不幸事件。

很不幸，"夫子"成为"白门事件"的第二个牺牲者。有一天早上，小赵骑车上学，那条街上没有旁人，"白门"踽踽独行，"夫子"也骑车在上学途中。当时小赵看到"夫子"，但是"夫子"并没有看到小赵。当"夫子"和"白门"打照面时，小赵发现"夫子"向"白门"微笑点头，"白门"没有反应。

第一节课终了，大家围住"夫子"，展开会审。"夫子"起先抵赖，作了种种解释，但是破绽很多，而且语无伦次。在众口纷纭之下，"夫子"终于俯首服罪，承认他一时糊涂，以为"白门"在对他微笑，所以花了眼。平常"夫子"在班上表现良好，清扫教室颇为热心，也常在课业上帮助同学解决疑难，所以大家为"姑念该生前途。决予从轻议处"——每人红豆汤一碗。

对于"白门"的家世，我们一直不清楚。有一阵子谣传她的父亲是某大保险公司的董事长，谁要娶了她，这辈子的饭碗就保了险。又有一阵子，谣传她父亲是某大学物理系名教授，明年度大专联考物理科命题教授的热门候选人，能追上这位千金小姐，少说也能探到一点儿命题意向。还有一阵子，风闻她父亲是某大戏院总经理，要是追上她，该戏院可自由出入。无论如何，她的父亲是什么样子我们都不知道。

"皮蛋"在高二下神气过一阵子，因为他声称，最近才发现他家和"白门"家是世交。他说"白门"姓吴，江苏省人，家道小康，"吴伯父"任职某化学公司业务部主任。"皮蛋"的姨父是该公司董事长，所以近期之内，"皮蛋"准备向"白门"展开攻势。大家对"皮蛋"赞羡不已，"皮蛋"也以准未婚夫自居，开口闭口提到"我那口子"怎么怎么样。

"皮蛋"的好日子维持不到一个月，因为他根本就认错了人，那位业务部主任是住在"白门"对面的"绿门"里，而"绿门"主人也有个女儿，只有四岁，"皮蛋"最少要准备个十五年计划。

高二快要终了时，有许多人开始动"白门"的脑筋，听说军乐队的一个小子一直跟她到学校，没有什么成就。老朱是班上最懒、最胖的。早上升旗一向赶不上。现在他兄弟也每天早上提早两小时起床，而且徒步上学，对外扬言是规律生活，锻炼身体，减轻体重，天晓得！

期考前几天，"小条"突然传出惊人消息，他发现"白门"和一个英俊的男子（像是个大学生）依偎穿过新公园。班上立刻引起一阵混乱，"白门"穿的什么衣服，大学生穿的什么衣服，大家都向"小条"打听。"小条"一一作答，言之凿凿。有人还问"小条"是不是有近视眼，最好到医务室彻底检查一下。无论如何，这一天的课都没好好地听，每个人心里都不太痛快。有人还痛责那个大学生太不自爱，国家花了这么多钱培植他，但是他不好好念书，整天从早到晚追女朋友，实在有负国家期望。

"小条"在放学时宣布这个消息是个骗局，因为他看到这两大同学太用功了，班上死气沉沉的，所以制造个新闻刺激一下。大家听了纷纷指责"小条"不应该乱讲话，今天又不是愚人节，况且大考前夕足以影响思绪。表面上虽然指责"小条"，实际上大家心里还是很高兴，"白门"到底还是属于大家的。

高二这一年课业逼得紧，开学时，班上有七个人没升上高三，"大嘴"也惨遭不幸。听说他还到化学先生那儿哭过一鼻子。我们纷纷安慰他不要太伤心，留一班也许考大学能考得更好。最后大家还告诉他，只要"白门"存在一天，这个世界就有希望，希望他时时记得"白门"，砥砺自己。

高三开始分组，我们全班投考甲组，生活渐渐开始紧张，星期日还有很多人来学校念书。一个月后。小赵说他准备转考乙组，理由很简单，听说"白门"第一志愿是台大商学系。大家死劝活劝，小赵才打消了这个念头。

我们在放学后常到市立图书馆去看书。有一天，市立图书馆清理内部，所以停止开放一天，于是大家又转到"中央图书馆"去看书。我们八个人进去，看到角落里有一张桌子空着，只有两本书摆在位子上，于是大家就占据下这个桌子。半个小时后，那个用两本书占位子的人来了，出乎意料之外，她竟是"白门"。大家面面相觑，惊得说不出话来。"白门"很安静地坐下来看书，似乎毫不知道她已经是个新闻人物了。不一会儿，老杨说他要出去一会儿，二十分钟后，老杨吹了个新头回来。

寒假过后，小赵口气忽然大起来，有时候简直不把我们看在眼里。对于"白门"，他更是百般批评，一会儿说嘴太小，一会儿说头发太流气，一会儿又说不够性感。小赵寒假里追到一个女朋友，是我们这一群里第一个"有家"的人，当然要自抬身价一番。

小赵尽量利用话题谈他的"密司"，有时也不免肉麻，不过小赵本来就是肉麻人物。大家对小赵是敢怒不敢言，任他乱吹乱骂。有一次，我们到西门町看电影，碰到小赵，也算见到了"嫂夫人"的庐山真面目。

说实话，小赵的密司的确不太高明，脸扁扁的。像是给印刷厂的卷纸机滚过一样，顶多打六十一分（和小赵上学期的英文成绩相同）。而且小赵那口子还常常耍小性子，弄得小赵如醉如痴。大家在忍无可忍的情况下，推"小条"为代表，把大家的观感转告小赵，同时希望他以后收敛一点儿，小赵快快。

联考前两、三个月，班上比较平静，每个人都在为前途拼命。有时读书读倦了，群集在走廊上小聊一阵，还是提到"白门"。联考以后，大家不知道会分到什么学校什么科系，也不知道以后还能不能常聚在一起，不过朱胖子讲过一段话："不管我们走到哪里，离得多远，大家还能常常想到'白门'，想到'白门'，就会记得'那段朝夕共处的可爱日子'。"

　　联考填志愿，班上分成两大派，一派以"皮蛋"为首。非医科不读，几个医学院的医科填完之后就不再填了。另一派以"狗熊"为首，把各校理工学院的科系填了七八十个以后，最后再填上一个"国立台湾大学医学院预科"，真是把"皮蛋"他们气坏了。

　　这几年的苦读总算有了代价，小赵和"皮蛋"、老钱如愿以偿，分别考入台大和高雄医学院的医科。"狗熊"和"小条"以系状元考入台大工学院和理学院，朱胖子也考进台大。"夫子"考进成大工学院。老杨返回侨居地，转赴美国入佛罗里达大学土木系。班上大部分的同学都考入几所著名的大学。

　　我们在中正路一家饭馆举行谢师餐会。大家都很高兴，搞得一塌糊涂。一向以铁面孔著称的数学先生，还在酒后唱了一段河北小调，韵味十足，后来应观众一致要求，又唱了一段歌仔戏，二楼所有的客人都大鼓其掌。举杯互祝时，有人提议为"白门"干一杯，立刻获得全体热烈响应，几位先生莫名其妙，不知"白门"何许人也。

　　大学第一年，功课虽然紧，大家生活得很愉快，常互相通信，报告自己学校的情形。南部的"夫子"和老钱更常问起"白门"的消息，但是她究竟考入什么学校，没有人知道，不过我们一再向老钱和"夫子"强调，还没有"白门"出嫁的消息，请他们安心念书。朱胖子和"皮蛋"一入台大就当选班代表，"狗熊"当选校友会副总干事，专司和某女中联络之事，再加上他小子外型潇洒，是相当吃得开的人物。

　　老杨在佛大比较寂寞，不过大家常给他写信，报告这边的消息——尤其是"白门"的消息。每次回信，他总在蓝色的邮简上用白颜料画一扇门。

第一次同学会在大一的暑假中召开，"眼镜蛇"妙想天开，认为"同学会"这个名词太俗气，人家既然都喜欢"白门"，何不把"同学会"改名为"我们爱白门协会"。"皮蛋"修正"眼镜蛇"的提案，要求"协会"改为公司组织，于是"我们爱白门公司"正式成立，老钱被推为董事长，"小条"任秘书，全班同学均为股东，每人每年认五百块股息，每个寒暑假聚会三次。

大二是最辉煌的一年，"夫子"考上普考状元，小赵得到书卷奖，"狗熊"追上农学院某系的系花，"眼镜蛇"中了爱国奖券的第二特奖，"小条"在校内英语演讲比赛得到冠军，老杨在佛罗里达大学中成绩优良，获得了两千七百美金的奖学金。这个暑假，我们在小赵家开了一次舞会，由"狗熊"出马，邀了不少漂亮的女孩子。其中包括三位系花，某校理学院四美之一，某专科学校六大金刚之一，真是盛况空前，风云际会。不过有一点为大家惋惜的，没能请到"白门"。

"钱董事长"终于在大三的期中考后打听到"白门"的消息。老钱的表姊和"白门"同就读于某专科学校。有一次两人闲聊，老钱才知道"白门"和表姊有过点头之交，由她口中，知道"白门"是一家营造厂老板的独女，准备角逐下届中国小姐。老钱为顾及尊严，没敢把我们那些事抖落出来。

我们为"白门"竞选中姐忙过一阵子。朱胖子准备召集北市各大学同学组织一个助选团，届时摇旗呐喊；老杨由美国寄来五十块美金以示赞助之忱；夫子为这件事作了一首七言律诗："闻白门选中姐"，酸酸的，看了浑身不舒服；老钱念医科，一再督促我们把"白门"的相片和尺码寄给他，要写一篇《白门之骨骼及肌肉分析报告》。

结果是空忙一场，"白门"根本没报名。

"小条"身体一向不好，几年化学系功课重担一折磨，他在期考前一个星期倒下了。我们到台北医院去看他，"小条"脸色惨白，仍然强颜谈笑，还提到"白门"的往事。我们离开时，他说："想到'白门'，我的病就会慢慢转好。"

朱胖子这学期"结构学"和"钢筋混凝土设计"都没通过，凑足三分之一学分，非五年不能毕业了。

夏天，我们在大专集训中心过了三个月紧张的生活。这段时期，"小条"的病加重了。

开学后一个月，由美国传来老杨的消息，他因车祸丧失了一只手臂。我们不知道一位土木工程师要怎么样以一只手工作。

大学最后一年，厄运像传染病一样在我们之间流行。小赵家破产，由仁爱路的花园洋房搬到郊区的违章建筑；"皮蛋"丧父，家庭生活顿成问题；"狗熊"的女友变心，使他很消极，每天在弹子房鬼混；"眼镜蛇"在学校里和同学打架，被记两大过；倒是"夫子"在台南比较安静，一边作定性分析实验，一边研究"存在主义"。他在信中说："幻想和无方向的奔逐并不是我们这一代青年人的专利，岁月会腐蚀一切的稚气。我们慢慢长成了，试着学习像一个成熟的人那样思想吧，谁能告诉我，'白门'究竟给我们带来什么……"

"小条"在夏天离开我们。他是个聪明的人，也许对命运的挞伐看得较轻。那天阳光普照，不像是个悲哀的日子，"小条"微笑着对我们说，"记得吧！一年前我说过，'想到白门，我的病就会慢慢转好'，现在我改一改：想到白门，我就会在另一个世界里对你们微笑。"

毕业后，我们分发到各部队服役，医科的几个还在继续他们的课业。彼此之间的联络越来越少，接踵而来的将是饭碗、留学等令人烦恼的问题。大家的盛气杀掉了不少，连一向好辩的"眼镜蛇"也不喜多说话了。

夏天又来了，"夫子"和小赵赴美深造，我们到机场去送行。"夫子"在检查口向我们握手道别时说："有'白门'的消息，马上通知我们。"

自高中毕业后，有七年没看到"白门"了，甚至不知道她的消息。这七年中我们的思想渐渐成熟，各种生活也一一体验到。尤其最近几年，事业不如意，爱情不如意，成绩不如意，有时真使我们心灰意冷，但是每当颓废消沉的时候，只要有人说，"白门还没嫁！"大家就会感觉到一线阳光又照进来了。"白门"成为一个象征，象征着纯洁、希望与美丽，同时，也象征着一个揭不开的秘密。

我们又遇见了"白门"，在方老师古色古香的客厅里。方老师一一给我们介绍，"这些都是我的得意门生，七年前我教他们英文时，他们还流着鼻涕呢，现在也都是大学毕业生了，哈哈，日子过得真快啊！"

我们没注意方老师在说什么，也没注意屋子里还有其他的客人，只是呆呆的望着"白门"。她穿一件浅红色的旗袍，中间绣着一朵黑色的花，头发盘在头顶上，几乎和脸一样高，她的嘴唇涂着口红，眉毛和眼睛都用眉笔深深地勾过，眼皮上还涂了一层淡蓝色发光的油彩。她靠在她父亲旁边——一个比她还矮一寸多的小胖子，五十多岁的光景，头发已经脱得差不多，相信是经营一个规模不小的营造厂。

"徐太太、李太太，都是内人的朋友。郭先生，我的大学同学……"方老师今天显得特别高兴，不是吗，我们也有很多年没来看他了，今天打开报纸，才知道他的一本著作得了某项奖金，特别约来为他道贺。同时也藉此机会大家聚一聚。

"这位是胡先生，现在经营证券行，"方老师指着那个秃顶的矮胖子，后者微微欠身，脸上堆满了虚伪的笑容，"胡先生在股票上是一帆风顺，可惜你们都学理工医，否则真该向胡先生请教呢。"

现在该轮到介绍"白门"，毫无疑问的。大家的心开始跳了，"这位是……"方老师咳嗽了一声，似乎是有意的，"胡太太，她和胡先生刚结婚不到三个月……"

我们坐在客厅里，除了回答问话以外什么也没说，甚至忘了向方老师道贺。方老师兴奋地谈着他的著作和近来的教书生活，郭先生与那个秃顶的矮胖子不时发出笑声。"白门"和两位太太低声地谈话，有一次我们隐隐约约地听到"白门"说，"……那时候的手风好，连庄了四次，一把清一色，一把四番牌，怎么舍得下桌呢，可是凌波的'手印印'还有十分钟就要开演了，从我们家到国都戏院最少也要……"

虽然方老师一再挽留，我们还是没有在他家吃晚饭。走出大门，还听到方老师高声地说，"这些孩子是长大了，以前到我家来总是弄得天翻地覆，现在一句话也不讲了，一句话也不讲了……"